KB139957

수요자 중심의 도시계획을 위한
소득계층별 통행특성분석과
지역 접근도 산출

이 책은 저자의 박사학위 논문(토지이용-교통 상호작용을 고려한 통행목적 및 소득계층별 지역 접근도 산출연구)을 중심으로 일부 보완하여 작성하였음.

수요자 중심의 도시계획을 위한
소득계층별 통행특성분석과
지역 접근도 산출

장성만 지음

|요 약|

　정부는 과거 공급자 중심의 주택공급방식이 '주택의 지역적 수급 불일치 문제'를 유발하였다고 판단하고, 이를 극복하기 위해 최근 '수요자 중심의 주택정책'을 목표로 제시하였다. 위 목표하에 정부는 가구소득을 기준으로 주택수요자를 분류하고 각 소득계층별 차등화된 주택정책을 수립하고 있다. 그러나 이러한 시도에도 불구하고 현 택지공급계획의 대상지 선정기준은 단순히 '도심지 내 혹은 도심과의 접근성이 높은 지역'이라는 다소 선언적인 계획만을 제시하고 있다. 수요자의 입지특성을 고려하지 않은 주택공급은 결국 지역의 수급불균형문제를 해결할 수 없다. 따라서 소득계층별 다양한 주택정책은 각 수요계층의 주거입지 선택요인과 관련된 연구가 병행되어야 한다. 이러한 이유로 현재 주거입지와 관련된 많은 연구가 진행되고 있지만, 통행자의 사회·경제적 특성에 따른 활동패턴과 통행수단 선호를 반영한 합리적인 접근도 산정연구가 미흡한 실정이다.

　이와 같은 배경하에, 이 연구는 수요자 중심의 도시계획을 위해, 가구소득계층별 통행특성을 적정수준에서 반영한 접근도 산출모형을 구축하고, 이를 기반으로 지역 접근도를 산출하는 것을 목적으로 한다. 이 연구는 크게 네 부분으로 구성된다.

첫째, 접근도의 개념과 산출방식에 관련된 이론 및 선행연구를 고찰하였다. 특히, 국외에서 기 개발되어 활용 중인 효용 기반 접근도 산출모형을 검토하여, 국내 소득계층별 가구원의 통행특성을 반영한 접근도 산출모형 개발 가능성을 검토하였다.

둘째, 연구의 가구소득계층 구분기준을 정의하였다. 이후, 각 소득계층별 가구의 평균 목적통행 발생량과 각 목적별 수단선택 비율을 산출하고 이를 비교하였다.

셋째, 국내 가구소득계층별 통행특성을 반영할 수 있는 접근도 산출모형을 구축하였다. 접근도 산출모형은 세 가지 하위모형으로 구성되어 있다. 첫째, 각 존(Zone) 간 수단별 통행시간 및 비용 산출과정, 둘째, 통행목적 및 소득계층별 각 존 간 통행효용 산출과정, 마지막으로 통행목적 및 소득계층별 효용 기반 접근도 산출과정이다.

마지막으로 구축한 접근도 산출모형에 근거하여 통행목적 및 소득계층별 지역 접근도를 산출하였다. 통행목적 및 소득계층별 접근도 산출결과 비교를 통해 각 지역의 소득계층별 접근도 차이를 비교분석하였다. 이후, 통근 접근도를 활용하여 실제 소득계층별 가구입지 분포 현황을 진단하고 평가하였다.

이 연구의 의의와 활용은 다음과 같이 요약될 수 있다. 첫째, 활동 기반 접근도 개념에 기초하여 지역 접근도를 연구한 기존 국내의 연구단계를 효용 기반 접근도 개념에 근거한 국외 접근도 산정기법의 단계로 발전시킨 의미를 갖는다. 둘째, 이 연구 접근도 산출식에 기초가 된 Simmonds(2010)의 연구가 반영하지 못한 가구소득의 통행특성을 국내 접근도 산출모형 개발에 반영하여 국외 접근도 산출식과의 차별성을 갖추었다. 셋째, 소득계층별 통행특성을 접근도 산출식에 반영하기 위해 수단선택, 통행분포 그리고 통행발생과 관련된 특성을 도출하고 이를 모형으로 구축한 의미를 갖는다. 끝으로 이 연구에서 구축한 접근도 산출모형을 활용하여 실제 소득계층별 가구입지 분포 현황을 진단하고 평가하였다는 점에서 의의를 갖는다.

제5장 접근도 산출 및 결과분석

제6장 결 론

참고문헌 • 168

| 그림 차례 |

제1장

서 론

제1절

연구의 필요성

    우리 도시는 지난 반세기 동안 세계의 다른 어느 도시도 겪지 못했던 고도성장을 경험하였다. 빠른 경제발전의 속도에 따라 늘어나는 건축공간의 수요에 대응하기 위하여, 우리 도시는 개발을 멈추지 않았다. 그럼에도 불구하고, 대부분의 도시에서 건축공간의 과잉공급을 우려하는 상황은 발생되지 않았다. 하지만 최근 세계경제의 침체와 함께, 급변하는 부동산 시장은 미분양 주택뿐 아니라 사무실의 공실률까지 높여, 우리 경제에 부정적인 영향을 미치고 있다. 이제는 과도한 개발에서 벗어나, 이를 지양하는 데 초점을 맞춘 도시정책이 관심 받고 있다.[1] 과도한 개발계획을 지양하기 위하여, 최근 도시정책은 개발 위주에서 성장관리 중심으로 정책의 패러다임이 전환되고 있다. 이러한 정책기조에 발맞춰 도시계획과 교통계획은 공급 중심의 정책에서 수요관리 중심의 정책으로 전환되었다.

    수요관리 중심 도시계획은 주택, 일자리, 공공서비스 등 다양한 분야에서 강조되고 있다. 특히, 주택정책과 관련하여 정부는 과거

---

[1] 이승일 외, 2011, 「토지이용-교통 통합모델의 개발과 운영」, 『도시정보』 제356호, 대한국토·도시계획학회, 서울, 3쪽.

공급자 중심의 주택공급 방식이 지역적 수급 불일치 문제를 유발하였다고 판단하고, 이를 극복하기 위해 '수요자 중심의 주택정책'을 목표로 제시하였다.[2] 정부는 주택 수요자의 주거욕구를 파악하고, 이들에게 필요한 주택을 적절히 공급하기 위해, 가구소득을 기준으로 수요자를 분류하고 각 소득계층별 차별화된 주택정책을 수립하였다.[3] 예를 들어, 가구소득 1분위에서 4분위까지는 '주거수준 미흡 및 주거비 부담능력 취약계층'으로 분류하고, 절대지원계층으로 정의하여 '국민임대 주택정책'을 통해 장기공공임대주택을 공급하고 있다. 또한 가구소득 6분위까지는 '정부지원 시 자가 구입 가능계층'으로 분류하고, 부분지원계층으로 정의하여 '공공임대주택'과 '행복주택'을 공급하고 있다.[4] 또한 최근 정부는 '제2차 장기주택종합계획'과 '2016년 주거종합계획' 등을 통해, 기존의 일부 무주택 또는 저소득층을 대상으로 한 주택정책을 전 국민을 대상으로 확대함을 밝혔고, 중산층을 위한 기업형 임대주택(뉴스테이)정책을 통해 점차 다양한 소득계층을 주택정책의 대상으로 확대하고 있다.[5]

다양한 소득계층별 주택정책은 수요계층별 주거입지 선택요인과 관련된 연구와 병행되어야 한다. 이는 실질적인 수요자 맞춤형 주택공급을 가능하게 한다. 기존 선행연구에 따르면 수요자가 주거의 입지를 선택하는 과정 중 고려되는 요인은 크게 주택특성, 근린특성

---

2) 국토교통부, 2013, 『제2차(13-22년) 장기주택종합계획』, 세종시, 42쪽.

3) 국토연구원, 2008, 「최저주거기준과 최저주거비 부담을 고려한 주거복지정책 방향」, 『국토정책브리프』 제166호, 국토연구원, 경기도 안양, 2쪽.

4) 마이홈포털 홈페이지: https://www.myhome.go.kr/hws/portal/main/getMgtMainPage.do

5) 국토교통부, 2013, 앞의 보고서, 42-43쪽.
국토교통부, 2016, 『2016년 주거종합계획』, 세종, 2-4쪽.
마이홈포털 홈페이지: https://www.myhome.go.kr/hws/portal/main/getMgtMainPage.do

그리고 교통특성으로 구성된다.[6] 이 중 교통특성은 직장과 쇼핑, 서비스로의 접근도로 대표되며, 국내의 많은 연구에서 접근도와 주거입지와의 관계를 입증하고 분석하였다.[7] 그러나 접근도는 주택특성, 근린특성과 달리 토지이용과 교통의 상호작용과 밀접하게 관련된 요인이며, 특히 통행자의 사회·경제적 특성에 따라 활동패턴과 통행수단 선호가 달라짐에도 불구하고, 아직 이를 고려한 합리적인 접근도 산정모형연구가 미흡한 실정이다. 이러한 한계로 인하여 현 택지공급계획은 '다양한 주택수요에 효과적으로 대응할 수 있는 택지를 개발함'을 목표로 하고 있음에도 불구하고, 택지공급의 대상지는 단순히 '도심지 내 혹은 도심과의 접근성이 높은 지역'이라는 다소 선언적인 계획만을 제시하고 있다.[8]

선진국에서는 '토지이용-교통 상호작용이론'에 근거한 모형을 통해 이러한 한계를 극복하고 있다. 토지이용-교통 상호작용이론은 도시와 도시를 구성하는 하위 요소 간의 유기적인 연결 관계를 정의한 도시 시스템 개념에 근거한다. 이 개념 안에서 토지이용과 교통은

---

6) 이창효, 2012, 「토지이용-교통 상호작용을 고려한 주거입지 예측모델 연구: DELTA의 활용을 중심으로」, 서울시립대학교 대학원 도시공학과 박사학위논문, 서울, 32쪽.

7) 김익기, 1995, 「장기 교통정책분석을 위한 모형」, 『국토계획』 제30권 제1호, 대한국토·도시계획학회, 서울, 158-160쪽.
최막중·임영진, 2001, 「가구특성에 따른 주거입지 및 주택유형 수요에 관한 실증분석」, 『국토계획』 제36권 제6호, 대한국토·도시계획학회, 서울, 73-76쪽.
임창호 외, 2002, 「서울 주변지역의 이주 특성 분석」, 『국토계획』 제37권 제4호, 대한국토·도시계획학회, 서울, 102-103쪽.
천현숙, 2004, 「수도권 신도시 거주자들의 주거이동 동기와 유형」, 『경기논단』 제6권 제1호, 경기연구원, 경기도 수원, 101쪽.
정일호 외, 2010, 『주택정책과 교통정책의 연계성 강화 방안: 수도권 가구통행 및 주거입지 분석을 중심으로』, 국토연구원 단행본, 국토연구원, 경기도 안양, 149쪽.
신은진·안건혁, 2010, 「소득별 1인가구의 거주지 선택에 영향을 미치는 요인에 대한 연구」, 『국토계획』 제45권 제4호, 대한국토·도시계획학회, 서울, 75-76쪽.

8) 국토교통부, 2013, 앞의 보고서, 72-73쪽.

상호의존적으로 영향을 주고받는 관계로 인식된다. 따라서 토지이용과 교통의 수요를 분석하고, 예측하는 것은 토지이용과 교통의 통합적 관점에서 도시를 조망하고, 도시를 구성하는 하위요소 간의 관계를 연구함으로써 가능하다고 판단한다.

선진국은 이러한 개념을 바탕으로 1950년대에서부터 많은 연구를 수행하였고, 그 연구 성과는 현재 여러 정책결정에 활용되고 있다.[9] 특히, 지역 접근도 산출 시에는 통행자를 사회·경제적 조건에 따라 분류하고, 각 집단별 통행특성을 반영한다. 이를 통해 도시정책의 효과를 수요계층별로 구분하여 판단 가능하게 한다.[10] 반면, 국내에서는 최근 부동산 침체기에 들어서면서 수요관리 중심의 주택정책이 주목받고 있지만, 아직 이에 대한 연구가 부족한 실정이다.

위와 같은 연구의 필요성을 배경으로 이 연구는 다음과 같은 연구목적을 설정하였다. 이 연구는 국내 주택정책 수립 시 수요자의 교통특성을 반영하기 위해, 토지이용-교통 상호작용을 고려하여 가구 소득계층별 통행특성을 적정수준에서 반영한 접근도 산출모형을 구축하고, 이를 기반으로 지역 접근도를 산출하는 것을 목적으로 한다. 이와 같은 연구목적을 달성하기 위해 다음과 같은 세부 연구목표를

---

9) 이승일, 2010, 「저탄소·에너지절약도시 구현을 위한 우리나라 대도시의 토지이용-교통모델 개발 방향」, 『국토계획』 제45권 제1호, 대한국토·도시계획학회, 서울, 270-273쪽.

10) Simmonds, D., 2010, "The DELTA residential location model", In Residential Location Choice: Model and Applications (Pagiara, F., Preston, J. and Simmonds, D. eds.), Springer, Verlag Berlin Heidelberg. p.83.
Eliasson, J., 2010, "The influence of accessibility on residential location. In Residential Location Choice", In Residential Location Choice: Model and Applications (Pagiara, F., Preston, J. and Simmonds, D. eds.), Springer, Verlag Berlin Heidelberg. p.157.
Waddell, P., 2010, "Modeling residential location in UrbanSim", In Residential Location Choice: Model and Applications (Pagiara, F., Preston, J. and Simmonds, D. eds.), Springer, Verlag Berlin Heidelberg. p.170.

설정하였다.

　첫째, 이론 및 선행연구 고찰을 통해 이 연구에서 제시하고자 하는 접근도 모형에 관한 기초 이론을 확인하고, 이를 토대로 수요자의 교통특성을 반영할 수 있는 접근도 산출모형 개발방향을 도출한다. 둘째, 소득에 기초하여 가구를 분류하고, 각 소득계층별 가구의 통행특성을 분석하여 국내 가구소득계층별 통행특성을 반영할 수 있는 접근도 산출모형개발의 준거를 제시한다. 셋째, 통행특성을 정의하는 요소 중 수단선택, 통행분포 그리고 통행발생과 관련된 구성요소들이 체계적으로 구조화된 접근도 산출모형을 구축하고, 이를 통해 지역 접근도를 산출하여, 각 지역의 소득계층별 접근도 차이를 비교 분석한다.

제2절

연구의 내용과 범위

이 연구의 내용적 범위는 접근도와 관련된 국내·외 이론 및 선행 연구를 기반으로 국내 소득계층별 가구의 통행특성을 반영할 수 있는 접근도 산출모형을 구축하고, 이를 활용해 지역 접근도를 산출하여, 각 지역의 소득계층별 접근도 차이를 비교 분석하는 것으로 정한다. 이를 위해 국내에서 대중교통 노선이 가장 잘 갖춰져 있고, 인구와 고용의 중심지로 대표성을 갖는 수도권을 연구의 공간적 범위로 설정하였으며, 데이터 구득이 가능하며 시기적으로 가장 가까운 2010년을 시간적 범위로 하였다. 세부적인 연구내용은 다음과 같이 총 여섯 개의 장으로 구분한다.

1장에서는 이 연구의 배경과 필요성을 중심으로 연구목적을 제시하였으며, 연구의 내용과 범위를 중심으로 연구의 틀을 구축하였다.

2장에서는 접근도의 개념과 산출방식에 관련된 이론 및 선행연구를 고찰하였다. 특히, 국외에서 기 개발되어 활용 중인 효용 기반 접근도 산출모형을 검토하여, 국내 소득계층별 가구원의 통행특성을 반영한 접근도 산출모형 개발 가능성을 검토하였다.

3장에서는 주택정책별 수요계층 기준과 가구통행실태조사의 설문

자료를 검토하여, 연구의 가구소득계층 구분기준을 정의하였다. 이후, 각 소득계층별 가구의 평균 목적통행 발생량과 각 목적별 수단선택 비율을 산출하고 이를 비교하였다. 이를 통해 접근도 산출모형 소득계층기준의 적정성을 확인하였다.

4장에서는 앞서 2장에서 검토한 국외 효용 기반 접근도 산출모형 이론 및 방법론에 기초하고, 3장에서 도출된 국내 가구소득계층별 통행특성을 반영할 수 있는 접근도 산출모형을 구축하였다. 접근도 산출모형은 세 가지 하위모형으로 구성되어 있다. 첫째, 각 존(Zone) 간 수단별 통행시간 및 비용 산출과정, 둘째, 통행목적 및 소득계층별 각 존 간 통행효용 산출과정, 마지막으로 통행목적 및 소득계층별 효용 기반 접근도 산출과정이다. 해당 장에서 각 하위모형의 세부 내용을 상술하였다.

5장에서는 4장에서 구축한 접근도 산출모형에 근거하여 통행목적 및 소득계층별 지역 접근도를 산출하였다. 산출한 접근도는 일자리 가중치 반영 여부에 따른 접근도 산출결과 비교, 저소득계층의 차량 보유 여부에 따른 접근도 산출결과 비교, 그리고 통행목적 및 소득계층별 접근도 산출결과 비교를 통해 각 지역의 소득계층별 접근도 차이를 비교 분석하였다. 이후, 이 연구에서 산출한 통근 접근도를 활용하여 실제 소득계층별 가구입지 분포 현황을 진단하고 평가하였다.

마지막 6장에서는 연구의 목적과 분석과정, 도출된 결과를 요약하고, 연구결과의 함의를 통해 다양한 시사점을 제시하였다. 또한 연구에서 진행되지 못했던 부분에 대한 연구한계와 향후 연구과제를 제시함으로써 연구의 지속성을 갖추고자 하였다.

제2장

접근도 개념과
산출방법론

제1절

접근도 개념

접근도란 교통계획, 도시계획 그리고 지리학 등 여러 과학 분야 내에서 정책을 수립할 때 자주 사용되는 개념이다. 그러나 접근도는 종종 잘못된 정의와 측정방법 등으로 인해 잘못 이해되는 경우가 많다.[11] 따라서 연구에 앞서 기존이론 및 선행연구를 고찰하여 접근도의 개념에 대해 명확히 이해할 필요가 있다. 접근도는 많은 연구에서 여러 가지 방법으로 정의되고, 활용되며 다양한 방법으로 측정된다. 이 연구는 접근도의 정의와 측정방법에 관하여 Geurs and Ritsema van Eck(2001)이 제시한 세 가지 기본관점에 근거하여 개념을 정리하였다.[12]

초기 교통관련 연구에서의 접근도는 '한 지점에서 다른 지점으로의 이동능력', 즉 이동성과 동일한 개념으로 사용되었다.[13] 이러한

---

11) Geurs, K. T. and Van Wee, B., 2004, "Accessibility evaluation of land-use and transport strategies: review and research directions", Journal of Transport geography, Vol.12, No.2, p.127.

12) Geurs, K. T. and Ritsema van Eck, J. R., 2001, "Accessibility measures: review and applications. Evaluation of accessibility impacts of land-use transportation scenarios, and related social and economic impact", RIVM report 408505 006, Dutch National Institute for Public Health and the Environment, Dutch Bilthoven, p.19.

13) 원광희, 2003, 「고속도로건설에 따른 지역 간 접근성 변화분석」, 『도시행정학보』 제16권 제1호, 한국도시행정학회, 서울, 52쪽(재인용).

접근도의 개념은 인프라 기반 접근도(infrastructure base accessibility)라 명명한다. 인프라 기반의 접근도는 관찰된 혹은 모의실험(simulation)된 교통 시스템의 행태(performance)에 기초한다. 이 접근 방식은 교통과 인프라 계획에 사용되며, 주 측정방법은 '혼잡의 정도' 또는 '통행속도' 등이다.14)

이후 접근도는 통행요소 예측모형의 변수로 이용되면서 단순한 통행의 용이성뿐만 아니라 '통행자가 어떤 특정한 활동에 참여할 수 있는 기회의 정도'를 대표하게 되었다.15) 이 개념은 활동 기반 접근도(activity base accessibility)라고 명명하며 공간과 시간의 조건하에 '활동의 분포'에 기초한다.16) 도시계획과 지리학 분야의 다양한 연구는 활동 기반 접근도 개념에 기초하여 접근도를 정의하고 연구를 수행하였다.

활동 기반 접근도는 통행자의 사회·경제적 특성을 반영하기 어렵다는 단점이 있다. 이러한 단점을 극복하고자 접근도의 개념이 '통행자의 사회·경제적인 요인에 기초하여 공간적으로 분포된 활동들에 접근함으로써 취할 수 있는 효용'으로 확장되었다. 이 개념은 효용 기반 접근도(utility base accessibility)라고 정의하며 경제학 이론에 기초한다.17) 효용 기반 접근도에 기초한 연구는 개인이 통행으로 인해 취할 수 있는 효용을 산출하기 위하여 접근도 계산 시 통행자의 사회·경제적인 특성, 시간가치, 통행에 소요되는 일반화 비

---

14) Geurs, K. T. and Ritsema van Eck, J. R., 2001, op. cit., p.19.
15) 임강원, 1986, 『도시교통계획-이론과 모형』, 서울대학교 출판부, 서울, 391쪽.
16) Geurs, K. T. and Ritsema van Eck, J. R., 2001, op. cit., p.19.
17) Ibid., p.19.

용(generalized cost), 입지의 매력성(attrractiveness) 등을 고려한다.[18]

위 세 가지 접근도 개념을 기초로 접근도 관련 이론을 검토하여 각 접근도의 개념과 측정방법을 구체적으로 제시하였다. 또한 각 접근도 개념과 관련하여 국내·외 선행연구를 검토함으로써, 지역 접근도 산출과 관련된 국내연구의 한계점을 논하였다.

---

18) 임강원, 1986, 앞의 책, 391쪽.

인프라 기반 접근도

1. 정의

인프라 기반 접근도는 통행시간, 혼잡 그리고 운행속도 등으로 측정되며, 국내뿐 아니라 유럽의 여러 국가에서 새로운 교통 인프라 구축과 관련된 정책결정 시 주요지표로 활용된다. 인프라 기반 접근도는 교통과 토지이용 모두 고려한 활동 기반 접근도 방식과 상이한 결과를 나타낸다. 예를 들어, 지역개발로 인해 야기되는 통행수요 또는 공급의 증가는 교통지체를 발생시키며 인프라 기반 접근도의 감소를 초래한다. 반면, 지역개발에 의한 토지의 매력도(도달가능 직장의 수 등) 증가는 활동 기반 접근도의 증가를 불러온다.[19]

2. 관련 국내·외 연구

인프라 기반 접근도 방식은 국내·외에서 통행속도 또는 통행거리를 기준으로 인프라 건설에 따른 효과를 판단하고 이를 평가하는

---

19) Geurs, K. T. and Ritsema van Eck, J. R., 2001, op. cit., p.47.

데 주로 활용된다. 원광희(2003)는 교통권역 간 총 통행시간을 접근
도로 정의하였다.[20] 위 연구는 국가에서 추진 중인 고속도로와 국도
의 건설이 지역의 통행시간단축에 미치는 영향을 분석하기 위해, 교
통량 예측 프로그램인 Tranplan을 이용하여 존 간 최소 통행시간을
산정하고, 1996년과 2010년의 통행시간 차이를 비교하였다. 분석결
과, 동서횡단고속도로 개통 시 접근도 개선효과는 미미하지만, 중부
내륙고속도로와 중앙고속도로의 개통으로 인한 접근도 개선 효과가
두드러지게 나타남을 확인하였다.

(출처: Geurs, K. T. and Ritsema van Eck, J. R., 2001, p.48)

[그림 2-1] 인프라 기반 접근도 관련 연구사례
(빨강: 정체심각, 노랑: 일부정체, 회색: 정체 없음)

---

20) 원광희, 2003, 앞의 논문, 71-73쪽.

국외에서도 이와 유사한 연구를 찾을 수 있다. 인프라 기반 접근도는 네덜란드 교통관련 정책을 결정하는 데 있어서 중요한 기준으로 활용된다. 2001년 발표된 '네덜란드 국가 통행과 교통계획'(NVVP, 2001)에 따르면, 통행속도를 활용하여 '정체 확률' 지표를 산출하고 네덜란드 주요 고속도로의 인프라 기반 접근도를 제시하였다.[21]

3. 장단점

인프라 기반 접근도는 교통시설의 계획 또는 건설에 따른 효과를 예측하는 데 유용한 지표로 평가받고 활용되고 있다. 그러나 토지이용과 교통은 상호관계에 의해 서로 영향을 주고받는 상황에서, 교통과 도시계획에서의 접근도를 단순히 통행속도 또는 거리만으로 정의하기에 한계가 있다. 이에 토지이용과 교통계획에서 접근도 개념은 기존 '평균지체' 또는 '서비스 수준'과 같은 전통적인 이동성에 기초한 측정방법에서부터 점차 효과적으로 공간에 접근할 수 있는 '기회'의 지표의 형태로 전환되었다.[22]

---

21) Geurs, K. T. and Ritsema van Eck, J. R., 2001, op. cit., p.47(재인용).

22) Cervero, R. et al., 1995, "Job accessibility as a performance indicator: An analysis of trends and their social policy implications in the San Francisco Bay Area", The University of California Transportation Center, University of California at Berkeley, pp.1-2.

제3절

활동 기반 접근도

접근도는 단순히 공간적으로 떨어진 도시(지역) 간의 지리적 거리를 알기 위한 것이 아니라, 공간구조와 교통수요의 관계를 나타내기 위해, 혹은 도로망의 서비스 수준을 평가하는 데 사용될 수 있다.[23) 서비스 수준을 비교하기 위해 면적당 연장, 가구당 고속도로 연장 등을 사용하기도 하나 이는 불충분하다. 왜냐하면 교통시설의 서비스 수준은 정체와 도로망의 공간적 분포, 통행 수용량 등에 영향을 받기 때문이다. 따라서 도로망의 공간적 분포와 통행수용의 관계를 적절하게 표현하기 위해 상대적 비교개념인 접근도가 요구된다.[24)

이러한 배경하에 활동 기반 접근도가 대두되었다. 활동 기반 접근도는 토지이용패턴과 교통네트워크의 형태가 반영된 효율성의 이점을 평가하는 기준이 된다. 활동 기반 접근도는 다양한 방식으로 측정된다. 거리 방식, 등고선 방식, 잠재력 방식, 이중제약에 의한 역조정계수 방식 그리고 시공간 측도를 활용한 방식이 그것이다.[25) 2장

---

23) 조남건, 2002, 『국토공간의 효율적 활용을 위한 도로망체계의 구축방향 연구』, 국토연구원, 경기도 안양, 84쪽.

24) Rietveld, P., Bruinsma, F., 2012, "Is transport infrastructure effective?: transport infrastructure and accessibility: impacts on the space economy", Springer, Verlag Berlin Heidelberg, pp.25-26.

3절에서는 활동 기반 접근도의 여러 측정 방식에 관한 정의와 관련 선행연구를 검토하였다.

1. 거리측정 방식

가장 단순화된 거리측정 방식은 "상대적 접근성" 방식이며 Ingram (1971)에 의해 개발되었다. 두 지점을 직선으로 연결함으로써 접근도를 산출할 수 있으며, 국내에서는 단지계획에서 시설과의 접근도를 판단하는 데 활용한다.[26] 예를 들어 '유치원과 초등학교의 경우 고밀의 주민이용권과의 거리가 300m 이내, 중학교는 700m, 고등학교는 1,200m 이내 위치해야 한다.'[27]와 같이 사용된다. 이 방식은 매우 간단하다는 장점이 있으나, 시·종점이 정의되어야만 산출이 가능하다. 만일 두 가지 이상의 지역이 종착대상지로 분석되어야 한다면, 등고선(contour) 방식이 가능하다.

2. 등고선 방식

1) 정의

등고선 방식은 등시간 방식, 누적기회 방식 또는 거리근접도 등으

---

25) Geurs, K. T. and Ritsema van Eck, J. R., 2001, op. cit., p.49.

26) Ingram, D. R., 1971, "The concept of accessibility: a search for an operational form. Regional studies", Vol.5, No.2, p.101.

27) 김철수, 2012, 『단지계획』, 기문당, 서울, 319쪽.

로 불리며, 도시계획과 지리학 연구에서 주로 사용된다. 이 방식은 주어진 시간 또는 거리 내 도달 가능한 기회의 수를 산출한다. 마일, 주어진 시간 또는 거리 이내에 보다 많은 기회가 도달 가능해진다면, 접근도가 증가한다. 동일한 기회의 수를 기준으로 이 방식을 활용하여 도달 가능 시간 또는 비용을 측정하는 방식도 있다. 이 방식에 따르면 토지이용(기회의 수 증감) 또는 도달가능 종착지(교통시설 개선을 통한 통행시간 증감)의 변화가 접근도를 높이거나 낮춘다.[28]

2) 관련 국내·외 연구

등고선 방식과 관련된 초기 연구는 정의된 시간 내에 도달 가능한 기회의 누적함수로써 접근도를 산출하였다. 일자리, 인구, 상점, 서비스, 대중교통 서비스, 보건 서비스, 교육 그리고 여가시설과 관련된 접근도 연구가 진행되었다.

Gutiérrez and Urbano(1996)는 지역 간 상호작용을 증대시키고 거리와 시간을 감소시키는 데 목적이 있는 트랜스 유러피언 네트워크(trans-european network) 건설이 미치는 영향을 등고선 방식 접근도를 활용하여 분석하였다.[29] 접근도 지수는 지역별 GDP를 가중치로 반영한 지역별 도달시간을 기준으로 [수식 2-1]과 같이 산출하였다. Gutiérrez and Urbano는 새로운 네트워크 건설이 유럽 각 지역별 접근도 변화에 미치는 영향을 [그림 2-2]와 같이 등고선의 형태로 도출하였다.

---

28) Geurs, K. T. and Ritsema van Eck, J. R., 2001, op. cit., p.50.

29) Gutiérrez, J., Urbano, P., 1996, "Accessibility in the European Union: the impact of the trans-European road network", Journal of transport Geography, Vol.4, No.1, p.21.

$$A_i = \frac{\sum_{j=1}^{n}(I_{ij} * GDP_j)}{\sum_{j=1}^{n} GDP_j}$$ ································· [수식 2-1]

단, A_i : i지역의 접근도

I_{ij} : i지역에서 j지역으로 통행 시 소요되는 통행시간

GDP_j : j지역의 GDP

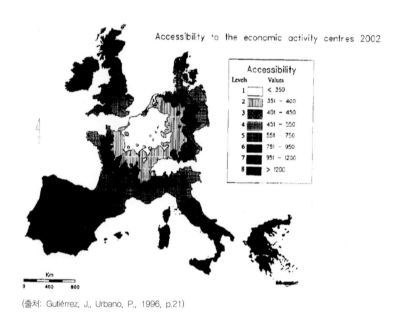

(출처: Gutiérrez, J., Urbano, P., 1996, p.21)

[그림 2-2] 등고선 방식 접근도 관련 국외 연구사례

등고선 방식은 국내 도시계획관련 연구에서도 많이 활용되었다.
등고선 방식을 활용한 국내 연구를 두 가지 형태로 구분하면, 우리
나라 전 국토를 대상지로 분석한 거시적 관점 연구와 역세권과 같은

비교적 작은 공간을 대상지로 분석한 미시적 관점 연구로 나눌 수
있다. 먼저 국가적 차원의 거시적 관점에서 분석한 연구는 다음과
같다.

조남건(2002)과 조남건 외(2004)는 Allen(1993)이 [수식 2-2]와 같
이 제안한 평균개념의 접근도를 이용하여 공간적 접근도를 산출하
였다.[30) 해당 연구는 국토의 중앙부에 위치하고 경부고속도로를 중
심으로 연계가 잘 된 지역의 공간적 접근도가 높게 나타남을 밝혔
다. 또한 이를 기초로 통행량과의 관계를 실증분석 하였고, 우리나
라 간선도로망 체계의 구축방향을 제시하였다.

$$A_i = \frac{1}{n(n-1)} \sum_{i=1}^{n} \sum_{j=1, j \neq i}^{n} s_{ij}$$ .... [수식 2-2]

단, A_i : i지역의 공간적 접근도

n : 도시 수

s_{ij} : i지역에서 j지역으로 통행 시 소요되는 통행시간

김찬성·황산규(2006)는 앞서 조남건(2002)이 제시한 공간적 접
근도의 역수를 취한 뒤 지수 최솟값을 100으로 치환하는 값을 통해
접근도를 산출하였다.[31) 위 연구는 행복도시가 건설되기 전과 후의
지역별 접근도를 각각 산출하고, 지니계수를 통해 해당정책이 지역
간 접근도 형평성 변화에 미치는 영향을 분석하였다.

---

30) 조남건, 2002, 앞의 보고서, 99쪽.
　　조남건 외, 2004, 「도로의 접근성과 통행량의 관계에 관한 연구」, 『대한교통학회 학술대회지』,
　　2004년 제3호, 대한교통학회, 서울, 3쪽.
31) 김찬성·황산규, 2006, 『국가균형발전을 위한 교통접근성 제고방안 연구: 형평성 분석을 중심으
　　로』, 2006-05 연구총서, 한국교통연구원, 고양, 61쪽.

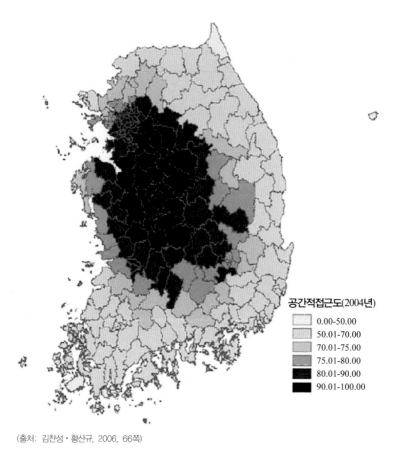

공간적접근도(2004년)

☐ 0.00-50.00
☐ 50.01-70.00
☐ 70.01-75.00
☐ 75.01-80.00
■ 80.01-90.00
■ 90.01-100.00

(출처: 김찬성·황산규, 2006, 66쪽)

[그림 2-3] 등고선 방식 접근도 관련 국내 연구사례

미시적 공간을 대상으로 분석한 연구는 다음과 같다. 안영수 외 (2012)는 도시철도역을 중심으로 도로 네트워크를 통해 기준 시간 내 도달 가능한 범위를 등고선의 형태로 도출하고, 해당 지역 내 상업시설의 입지분포패턴을 분석하였다.[32] 해당 연구는 도로의 위계

---

32) 안영수 외, 2012, 「GIS 네트워크분석을 활용한 도시철도역 주변지역 상업시설 입지분포패턴 추

와 표고 그리고 단절 여부를 기준으로 네트워크별 통행속도를 달리 적용하였고, 동일 시간 내 도달 가능한 지역을 Arc MAP 프로그램을 활용하여 도출하였다. 위 연구는 상업시설의 점유비율이 변화하는 변곡점을 도출하였다.

성현곤·최막중(2014)은 도시철도역을 중심으로 각 지역별 도시 철도역과의 접근도가 건축물 개발밀도에 미치는 영향을 분석하였 다.[33] 해당 연구는 도시철도역을 중심으로 직선거리(250m, 500m, 1,000m, 1,500m 기준)를 등고선 형태로 역별 접근도를 산정하였으 며, 분석결과 도시철도역과 가까울수록 건축물의 연면적과 층수가 증가함을 밝혔다.

3) 장단점

등고선 방식은 사용자의 관점에서 교통과 토지이용을 묘사하는 것을 목표로 하고 있다. 이는 교통요인(통행시간, 비용, 거리 등)과 토지이용요인(지역 또는 시설)을 포함하고 있으나, 두 요인의 조합 으로 인해 야기되는 효과를 배제하고, 통행자는 교통과 토지이용을 각각 별개의 요인으로 구분하여 고려함을 가정한다.

이 방식의 주요 장점은 사람들에게 쉽게 접근도 측정 방식에 관해 전달할 수 있다는 것이다. 나아가, 구득이 용이한 데이터를 통해 다 양한 활동을 위한 여러 종류의 접근도를 쉽게 산출할 수 있다는 장

정 연구」, 『국토계획』 제47권 제1호, 대한국토·도시계획학회, 서울, 203쪽.

[33] 성현곤·최막중, 2014, 「철도역 접근성이 건축물 개발밀도에 미치는 영향」, 『국토계획』 제49권 제3호, 대한국토·도시계획학회, 서울, 67-68쪽.

점이 있다. 단, 모든 기회(직업 등)를 동일하게 취급하고, 등시간(등거리)을 일방적으로 결정한다는 단점이 있다. 또한 등시간 또는 등거리에 대한 등고선 내 접근도 차이를 구별하기 어렵고, 인프라 개선 등을 통해 접근시간이 단축되어도 등고선 단위 내 효과라면 이를 인지할 수 없다는 한계가 있다. 그뿐만 아니라, 거리 또는 시간을 초과하는 기회는 분석대상에서 제외된다.

3. 잠재력 방식

1) 정의

잠재력에 관한 개념은 19세기 사회물리학에서부터 시작되며, 초기 연구(Stewart, 1947)에서는 인구의 분포와 관련된 연구에 활용되었다.[34] 이후 Hansen(1959)은 Stewart(1948)가 인구와 거리에 따른 관계로써 정의한 잠재적 접근도의 개념을 경제적 기회의 잠재력 개념으로 확장시켰다.[35] Hansen(1959)이 제시한 정의에 따르면 i지역의 접근도는 i지역을 기준으로 모든 다른 지역의 기회에 닿을 수 있는 정도를 의미하며 이는 기본적인 '잠재력 접근도'를 의미한다([수식 2-3] 참조).

$$A_i = \sum_j \frac{S_j}{T_{ij}^\alpha} \qquad \text{··· [수식 2-3]}$$

---

34) Geurs, K. T. and Ritsema van Eck, J. R., 2001, op. cit., p.52(재인용).

35) Hansen, W. G., 1959, "How accessibility shapes land use", Journal of the American Institute of planners, Vol.25, No.2, p.73.

단, A_i : i지역의 접근도

　　S_j : j지역의 기회(일자리, 인구 등)

　　T_{ij} : i지역에서 j지역으로 통행 시 소요되는 통행시간

　　α : 거리감쇄 함수 파라미터

2) 관련 국내·외 연구

Hansen(1959)의 접근도 산출방식은 국외 많은 연구에서 일자리, 인구, 도소매, 보건, 교육 그리고 여가시설 등 다양한 기회에 따른 접근도를 산출하는 데 활용되었다(Linneker and Spence, 1992; Patton and Clark, 1970; Guy, 1983; Kalisvaat, 1998; Pacione, 1989; Vicverman, 1974).[36] Keeble et al.(1982)은 유럽을 대상으로 지역의 접근도와 경제적 잠재력을 확인하기 위하여 지역별 GDP를 가중치로 반영하여 접근도를 산출하였다.[37]

$$P_i = \sum_{j=1}^{n} \frac{M_j}{D_{ij}} \quad \cdots\cdots\cdots\cdots\cdots\cdots\cdots\cdots\cdots \text{[수식 2-4]}$$

단, P_i : i지역의 잠재력

　　M_j : j지역의 경제적 용량(GDP)

　　D_{ij} : i지역에서 j지역 간 거리 또는 통행 시 소요되는 비용

---

36) Geurs, K. T. and Ritsema van Eck, J. R., 2001, op. cit., p.52(재인용).

37) Keeble, D., et al., 1982, "Regional accessibility and economic potential in the European Community", Regional Studies, Vol.16, No.6, p.420.

(출처: Keeble et al., 1982, p.429)

[그림 2-4] 잠재력 방식 접근도 관련 국외 연구사례

Hansen(1959)의 후속 연구는 수식을 네 가지 형태로 개선하였다. 첫째, Hansen(1959)의 수식은 중력이론에 기반을 둔 멱함수(power function) 형태이다. 후속 연구는 대안적 거리 감쇄함수를 역지수함수(negative exponential function), 가우시안 함수 그리고 로지스틱 함수 등으로 발전시켰다(Dalvi and Martin, 1976; Handy, 1994; Ingram, 1971; Hilbers and Verroen, 1993). 일반적으로 잠재력 접근도 방식은 [수식 2-5]와 같이 표현한다.[38]

$$A_i = \sum_j D_j F(C_{ij}) \quad \cdots\cdots\cdots\cdots\cdots\cdots\cdots\cdots\cdots\cdots\cdots\cdots\cdots \text{[수식 2-5]}$$

단, A_i : i지역의 집근도

C_{ij} : i지역에서 j지역으로 통행 시 소요되는 일반화 비용

F : 저항함수

둘째, 잠재력 접근도 산출 시 기점의 기회의 총 수, 전체 분석 대상지역 총 거주자 또는 평균 접근도 값을 정규화 또는 가중치 기준으로 반영하였다(Dalvi and Martin, 1976; Tagore and Sikdar, 1996; Scheider and Beck, 1974; Handy, 1994).[39]

셋째, 다양한 수단을 취합하여 접근도를 산출하였다. 취합은 시·종착지 간 가장 빠른 또는 가장 저렴한 수단을 사용하며 그 외 통행수단은 무시하는 방식과, 전체 수단 저항의 합성 또는 로그 합을 취하는 방식이 사용되었다. 특히, 저항의 로그 합 방식은 높은 비용을 요구하는 수단을 제거하고, 통행비용을 줄이지 않는 결과를 도출한다. 로그 합 저항은 이론적으로 잠재 접근도 방식에 적합하다([수식 2-6] 참조)(Black and Conroy, 1977; Wachs and Kumagai, 1973; Wegener et al., 2000; Williams, 1977).[40]

넷째, 다양한 연구에서 장래 토지이용(인구, 일자리, 도시 확장)과 교통의 개발 및 개선(혼잡, 인프라 건설) 등에 따른 잠재력 접근도 변화를 연구하였다(Rietveld and Bruinsma, 1998; Geurs and Ritsema van Eck, 2000).[41]

---

38) Geurs, K. T. and Ritsema van Eck, J. R., 2001, op. cit., p.53(재인용).

39) Ibid., p.53.

40) Ibid., p.53.

$$\overline{c_{ij}} = -\frac{1}{\beta} ln \sum_m e^{-\beta \cdot c_{ijm}}$$ .... [수식 2-6]

단, $\overline{c_{ij}}$ i와 j 사이 다양한 수단별 일반화 비용의 로그 합

c_{ijm} : i와 j 사이의 m수단을 활용한 일반화 비용

β : 통행비용의 민감도 파라미터

국내에서도 잠재적 접근도 기법을 활용한 접근도 산출과 분석연구가 다양하게 시도되었다. 앞서 등고선 방식 관련 선행연구에서 검토한 조남건(2002)과 조남건 외(2004)는 교통인프라를 통한 공간적 접근도 외 지역별 사업체 종사자 수를 반영하여 산출한 경제적 접근도를 추가적으로 제시하였다.[42] 해당 연구는 등고선 방식의 접근도가 도시 간의 경제적 활동을 반영하지 못하기 때문에 추가적인 분석을 수행하였다고 밝혔다. 김찬성·황산규(2006)는 조남건(2002)이 제시한 경제적 접근도의 일부를 수정하여 잠재력 방식의 접근도를 산출하고 지니계수를 통해 행복도시건설이 지역 간 잠재력 접근도 형평성 변화에 미치는 영향을 분석하였다[43] ([수식 2-7] 참조).

$$A_i = \frac{1}{n(n-1)} \left(\sum_i^n \frac{M_j}{s_{ij}} + \sum_j^n \frac{M_i}{s_{ij}} \right)$$ .... [수식 2-7]

단, A_i : i지역의 경제적 접근도

n : 도시 수

M_i : i도시의 사업체 종사자 수

41) Ibid., p.53.

42) 조남건, 2002, 앞의 보고서, 99쪽.
    조남건 외, 2004, 앞의 논문, 3쪽.

43) 김찬성·황산규, 2006, 앞의 보고서, 61쪽.

M_j : j도시의 사업체 종사자 수

s_{ij} : i지역에서 j지역으로 통행 시 소요되는 통행시간

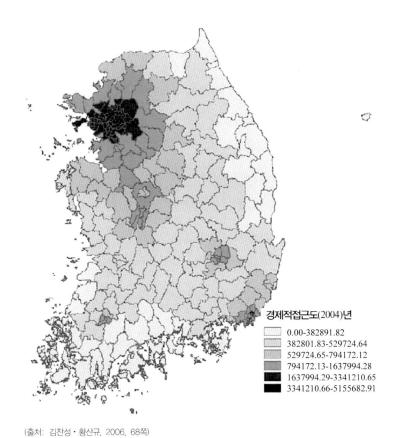

경제적접근도(2004)년

0.00-382891.82
382801.83-529724.64
529724.65-794172.12
794172.13-1637994.28
1637994.29-3341210.65
3341210.66-5155682.91

(출처: 김찬성·황산규, 2006, 68쪽)

[그림 2-5] 잠재력 방식 접근도 관련 국내 연구사례

신성일 외(2005)는 미국 Taxas-Austin 대학교 교통연구센터에서 제
시하는 여섯 가지 접근도 지표 모형을 기본으로 서울시 통행행태를
고려하는 도시접근도 지표를 구하였다.[44] 특히 출근, 쇼핑, 여가 목

적통행을 승용차와 대중교통 수단별로 접근도 지표를 구성하고 특성을 분석하였다. 또한 접근도 지표 활용방안으로 승용차와 대중교통의 접근도 차이를 통해 지속 가능성을 평가하는 MAG(modal accessibility gap)지표를 적용하였다. 위 연구에서 적용된 여섯 가지 접근도 지표 중 두 가지 모형은 누적기회 모형을 활용한 등고선 방식 접근도이며, 네 가지 모형은 중력모형 형태의 잠재력 방식 접근도이다. 분석결과, 서울시 통행행태는 잠재력 접근도 방식 중 차내 통행시간 저항모형이 가장 적합한 것으로 판단되었고, 이를 기준으로 수단별·목적별 접근도를 제시하였다. 그리고 수단별 접근도를 근거로 MAG지표를 산출하여 서울시 지역별 지속 가능성을 파악하였다([수식 2-8] 참조).

$$A_i = \ln\left[\frac{1}{J}\sum_{j=1}^{J}\left(\frac{O_j}{IVTT_{ij}^{\alpha}}\right)\right] \quad \cdots\cdots\cdots\cdots\cdots\cdots\cdots\cdots [수식\ 2-8]$$

단, A_i : i지역의 차내 통행시간 접근도

J : 분석지역 내 총 존의 수

O_j : 존 j의 기회(총 종사자 수 / 도소매업 종사자 수 / 3차 산업 종사자 수)

$IVTT_{ij}$: i지역에서 j지역으로 통행 시 소요되는 차내 통행시간

α : 차내 통행시간 감쇄 함수 파라미터

조혜진·김강수(2007)는 Hansen(1959) 접근도 개념을 적용하여 수도권 통근통행의 접근도 변화패턴을 분석하였다[45]([수식 2-9] 참

---

44) 신성일 외, 2005, 「도시 교통체계의 지속가능성 평가를 위한 도시 접근성 지표」, 『대한교통학회지』 제23권 제8호, 대한교통학회, 서울, 35쪽.

45) 조혜진·김강수, 2007, 「수도권 통근통행의 접근도 변화패턴 분석」, 『대한지리학회지』 제42권 제6호, 대한지리학회, 서울, 917쪽.

조). 분석에 따르면 접근도는 지역인구를 통행의 기회로 정의하였다. 통행비용은 지역 간 수단별 통행시간에 각 수단분담률을 곱하여 합한 값으로 정의하였다. 분석결과 90년에서 95년에는 수도권 시군별 접근도가 전반적으로 향상되었으나, 95년에서 2000년 사이에 악화된 것으로 나타났다. 또한 수도권에서 접근도가 가장 좋은 지역은 서울, 광주, 여주, 양평 등으로 나타났다.

$$A_i = [(1 - \frac{P_i}{\sum_j P_j})\{\sum_{j \neq 1}(\frac{P_j}{\sum_{k \neq 1} P_k})d_{ij}\}]^{-1} \quad \cdots\cdots\cdots \text{[수식 2-9]}$$
$$d_{ij} = \sum_m W_{ijm} T_{ijm}$$

단, A_i : i지역의 접근도

    P_i : 활동에 필요한 기회 (지역인구)

    d_{ij} : 출발지역 i에서 j 간의 일반화 통행비용

    k : 통행 유형

    T_{ijm} : i지역에서 j지역으로 m교통수단을 이용할 때 소요되는 통행 시간

    W_{ijm} : i지역에서 j지역으로의 m수단의 분담률

3) 장단점

잠재력 방식은 비전문가도 납득할 만한 방법론이라는 장점이 있다. 이 방식은 공급된 토지와 교통 시스템하에 종착지의 잠재력의 합을 기초로 한 방식이며, 등고선 방식과 달리 거리에 따라 가중치가 부여된 기회를 기초로 하기 때문에, 보다 복잡한 수식이 요구된다. 또한 분석단위(존)가 커질수록 존 내 통행의 기회가 커지는 현상

(기점 내 기회의 수가 많아짐)은 잠재적 접근도 계산 시 유의해야 한다. 소위 자기 잠재력(self-potential)이라 명명되는 이러한 단점은 작은 단위의 존 또는 지역을 분석단위로 사용하는 것으로써 해결할 수 있다. 그리고 잠재력 방식의 접근도는 통행종점(일자리)이 통행 기점(주거)을 결정하는 데 영향을 미침을 가정하고 있다. 그러나 수요(주거)가 공급(일자리) 입지에 영향을 미치지 않음을 가정한다. 이는 실제 현실과는 괴리가 있다.[46]

무엇보다 잠재력 방식의 가장 큰 단점은 통행자의 개별 특성을 고려하지 않고 한 지역에서 동일한 접근도만을 산출한다는 점이다. 동일한 지역 내 통행자일지라도 각 사회·경제적 조건에 따라 수단 혹은 목적지가 다르게 선택되지만, 잠재력 접근도는 이러한 점을 고려하지 못한다. 이러한 단점은 효용 기반 접근도를 통해 보완될 수 있다.

4. 이중제약에 의한 역조정계수 방식

중력모형은 50년대와 60년대 두 지점 간의 공간적 상호작용의 정도를 설명하는 데 널리 사용되었다. Wilson(1967)은 엔트로피 극대화(entropy-maximising) 원리를 통해 통계적인 유도과정을 제시하였고, 이 중 이중제약 모형의 조정계수모형은 접근도 측정 방법으로 여겨진다. 이중제약 모형은 [수식 2-10]과 같다.[47]

---

46) Geurs, K. T. and Ritsema van Eck, J. R., 2001, op. cit., pp.55-56.
47) Ibid., p.53.

$$T_{ij} = a_i b_j O_i D_j F(d_{ij}) \qquad \cdots\cdots\cdots\cdots\cdots\cdots\cdots\cdots\cdots \text{[수식 2-10]}$$

$$a_i = \frac{1}{\displaystyle\sum_{j=1}^{n} b_j D_j F(d_{ij})}$$

$$b_i = \frac{1}{\displaystyle\sum_{j=1}^{n} a_j O_j F(d_{ij})}$$

단, T_{ij} : i와 j 사이의 이동(통행)량

  $a_i b_j$: 활동단위를 이동(통행)단위로 변형시키는 조정계수

  O_i : 통행기점의 활동기회(주거지 등)의 수

  D_j : 통행종점의 활동기회(직장 등)의 수

  F : 거리에 따른 감쇄함수

  d_{ij} : 존 i와 j 사이에서 산출된 마찰(저항)

이중제약에 의한 역조정계수 방식의 장점은 경쟁효과를 반영할 수 있다는 데 있다. 특히, 직장과 주거지 간의 수요와 공급에 따른 경쟁 요소를 반영할 수 있다. a_i는 존 i에서 주거로 인해 발생한 활동의 수를 산출하는 조정계수를 의미한다. b_j는 존 j의 일자리로 인해 발생한 활동의 수를 산출하는 조정계수를 의미한다. 조정계수들은 상호 간에 영향을 받기 때문에 반복적으로 계산하여 산출한다. 예를 들어 먼저 b_j를 1로 하여 a_i식에 대입한 뒤, 산출된 a_i를 b_j산출식에 대입한다. 이 과정을 균형 상태에 도달할 때까지 반복하여 산출한다.[48]

이중제약모형의 조정계수 a_i는 거리 가중치가 반영된 종착지별 활동기회가 유발하는 통행의 역수를 의미하는 지표로써, 접근도로 활용될 수 있다. 단, a_i의 지표가 작을수록, 보다 가까운 지역에서 더 큰 통행의 기회를 뜻하기 때문에 접근도에 관한 직관적인 해석에 어

---

48) Ibid., pp.57-58.

굿난다. 따라서 a_i의 역수를 접근도로 정의한다.

이중제약에 의한 역조정계수 방식의 장점은 경쟁효과를 반영할 수 있다는 데 있다. 특히 직장과 주거지 간의 수요와 공급에 따른 경쟁요소를 반영할 수 있다. 그러나 거리감쇄 가중치가 부여된 공급과 수요의 지역 간 상호작용의 설명을 해석하기 어렵다는 단점으로 인해 이중제약 조정계수를 접근도 지표로 활용한 연구사례는 많지 않다. 초기 연구들은 잠재력 접근도의 수식형태와 유사한 단일제약 조정계수 역수를 활용하여 공간분석을 수행하였다(Lakshmanan and Hansen, 1965; Morill and Kelly, 1970; Mart1in and Dalvi, 1976). 이후 국외 일부 연구에서 이중제약에 의한 역조정계수 방식이 접근도 분석에 활용되었다(Hamerslag, 1986; Fotheringham, 1986; Fotheringham and O'Kelly, 1989; Reggiani, 1985).[49] 국내에서는 조정계수 역수를 지역의 접근도로 활용한 연구는 찾기 어렵고, 단지 4단계 교통수요 추정모형에서 통행 기·종점의 통행량을 산출하는 데 이중제약 모형을 사용한 연구가 진행되었다(김강수·심양주, 2002; 손정렬, 2015).[50]

5. 시공간 측도를 활용한 접근도

1) 정의

접근도의 시간요소는 하루 중 특정 시간대의 활동 가능성과 개인

---

49) Ibid., pp.58-59(재인용).

50) 김강수·심양주, 2002, 「전국 지역 간 여객 O/D 구축 방법론에 관한 연구」, 『대한교통학회 학술대회지』, 2002년 제3호, 대한교통학회, 서울, 2쪽.
손정렬, 2015, 「영남권 도시들 간의 상보성 측정에 관한 연구」, 『한국지역지리학회지』 제21장 제1호, 한국지역지리학회, 경남 진주, 26쪽.

이 특정 활동에 참여하는 시간을 포함하는 요소이다. 시공간 측도는 시간지리학의 개념을 바탕으로 한 기법이다. 시공간 측도 안에서는 시간요인과 토지이용요인이 동등하게 중요한 요소로 고려된다.[51] Lentorp(1976)와 Burns(1979)는 시공간 측도를 정의하고 이를 활용한 연구를 수행하였다([그림 2-6] 참조).

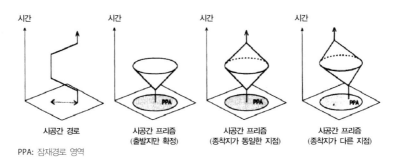

PPA: 잠재경로 영역

(출처: Miyazawa, H., 2000, p.499)

[그림 2-6] 시공간 경로와 시공간 프리즘

시공간 측도는 개인 또는 가구가 주어진 시간 조건하에 어떻게 활동하는지 관찰 또는 가정하여 표현하는 형태이며 개별 통행자 관점에서 분석되는 특징이 있다. 시공간 측도에 따른 접근도는 잠재경로 영역의 면적 및 잠재경로 영역 내에 위치한 시간적 접근이 가능한 기회의 총수로 정의된다. 즉, 이 방식은 개별 통행자가 시간 제약하에 닿을 수 있는 기회의 잠재적 지역을 제공한다.[52]

---

51) Geurs, K. T. and Ritsema van Eck, J. R., 2001, op. cit., p.60.

52) 한주성, 2010, 『교통지리학의 이해』, 한울, 경기 파주, 264-265쪽.

2) 관련 국내·외 연구

Lentorp(1976)가 제시한 이론에 근거한 시뮬레이션 프로그램 PESASP(program evaluating the set of alternative sample paths)는 관찰된 활동자와 물리적 환경에 기초하여 두 개의 기 확정된 지점 사이의 가능한 시공간 경로 또는 시간표를 제시한다. 국외에서는 PESASP모형을 활용하여 도시지역 내 대중교통, 지역 내 1일 생활조건, 편의시설의 재배치 그리고 생애주기 그룹 내 여성의 직업만족도 등을 분석한 연구 등이 있다(Lenntorp, 1976; Lenntorp, 1978; Martensson, 1978).[53]

국내에서도 시공간 측도에 따른 접근도를 활용한 연구가 일부 진행되었다. 김현미(2005)는 미국 Portland Metro 지역의 개인통행자료를 이용해 시공간적 접근도의 공간적 패턴과 근접성의 관계를 비교 분석하였다. 분석결과 접근도가 근접성보다는 개인의 시공간적 속성에 더 많은 영향을 받는다는 사실을 밝혔다. 접근도는 CBD나 도시기회의 고밀도지역을 멀리 벗어난 지역에서 오히려 높게 나타났으며, 같은 지리적 특성을 공유하는 동일 지역이라 할지라도 성별에 따라 다르게 드러났다.[54]

정우화(2009)는 시공간 측도를 이용하여 대중교통이용자들의 특정 시공간에 체류하는 분포를 구하고, 대중교통이용자들의 체류공간분포와 지역적 특성과의 관계를 지리적 가중회귀 분석을 통해 확인하였다. 분석결과 시간대별 대중교통 이용자의 체류공간분포가 집중되

---

53) Geurs, K. T. and Ritsema van Eck, J. R., 2001, op. cit., p.60(재인용).

54) 김현미, 2005, "A GIS-based analysis of spatial patterns of individual accessibility: a critical examination of spatial accessibility measures", 『대한지리학회지』 제40권 제5호, 대한지리학회, 서울, 524-527쪽.

는 지역을 밝혔고, 집중의 원인을 지역적 특성을 통해 제시하였다.[55]

김동호·박동주(2015)는 시공간 제약하에서 이용자 기반의 대중 교통 접근도 측정 방법론을 연구하였다. 위 연구는 대중교통 이용자 입장에서 시공간적 통행 활동과 대중교통 서비스의 이용가능성을 고려함으로써 선택 가능한 대중교통시설로의 접근도 측정 방법론을 개발하는 것을 목표로 한다. 분석결과, 분석대상지 내 통행자별 선택할 수 있는 대중교통 시설 개수의 편차가 크게 나타남으로써 대중 교통 서비스가 균형적으로 제공되지 못하고 있음을 확인하였다.[56]

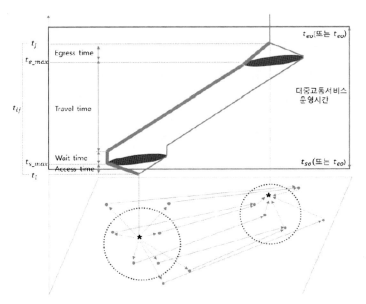

(출처: 김동호·박동주, 2015, 548쪽)

[그림 2-7] 시공간 측도를 활용한 접근도 관련 국내 연구사례

55) 정우화, 2009, 「서울시 대중교통 이용자의 체류 공간 분포에 관한 연구」, 경희대학교 대학원 지리학과 석사학위논문, 서울, 13-16쪽.

56) 김동호·박동주, 2015, 「시공간 제약하에서 이용자 기반의 대중교통 접근성 측정 방법론 연구」, 『대한교통학회 학술대회지』, 2015년 제73호, 대한교통학회, 서울, 548쪽.

3) 장단점

시공간 측도를 활용한 접근도 방식은 앞서 접근도의 네 가지 요인으로 정의한 교통, 토지이용, 개별특성 그리고 시간요인을 포괄적으로 고려한다는 점이 장점이나, 개별통행자 혹은 가구를 대상으로 분석하기 때문에 지역의 접근도 측정방법으로 적용하기 어렵다는 점이 단점으로 지적된다. 또한 접근도 산출 시 통행 기회의 경쟁이 포함되지 않고 통행수요 측면만 고려된다는 점도 한계로 남는다.

제4절
효용 기반 접근도

1. 정의

효용 기반 접근도는 경제학 이론연구에 기초한다. 경제학에서 '여러 가능한 제품 중 한 물건을 구매하는 것이 전체 효용을 만족시키는 것'이라는 개념을 기반으로, 통행을 개별 통행자가 각자의 사회·경제적 조건을 고려하여 개인의 효용을 극대화한 행위라 판단한다. 따라서 효용 기반 방식의 접근도는 개별단위로 산출되며, 통행은 통행자가 교통을 선택한 과정의 산출물로써 정의된다. 그리고 통행자의 개인특성(소득, 인구·사회학적 변수 등)과 수단 또는 도로의 특성(속도, 비용 등)이 동시에 고려되어야 한다.[57]

Koening(1980)은 효용 기반 접근도를 산출하는 데 있어서 고려해야 하는 두 가지 중요한 가정을 제시하였다. (a) 통행자는 그들이 마주하는 대안(목적지, 수단, 노선 등)들 중 개개인의 효용을 최대화할 수 있는 대안을 선택한다. (b) 효용에 영향을 미치는 모든 요소를 평가하는 것은 가능하지 않다. 측정 불가능한 효용은 무작위 또는 비

---

57) Geurs, K. T. and Ritsema van Eck, J. R., 2001, op. cit., p.62.

무작위 요인들의 결합을 통해 산출된다.[58] 이러한 가정에 기초하여 효용 기반 접근도는 [수식 2-11]과 같이 표현할 수 있다.

$$A_n = E(Max\, U_k) \quad \cdots\cdots\cdots\cdots\cdots\cdots\cdots\cdots\cdots\cdots\cdots\cdots\cdots \text{[수식 2-11]}$$
$$U_{ij} = V_{ij} - \beta c_{ij} + \epsilon_{ij}$$

단, A_n : 통행자 n의 접근도

　k : 선택 가능한 대안

　U : 효용

　E : 기댓값

　V_{ij} : 통행자 n이 i에서 j로 이동하며 취할 수 있는 효용 또
　　　는 가치(결정론적 가치)

　c_{ij} : i지역에서 j지역으로 통행 시 소요되는 통행시간 또는 비
　　　용

　β : 비용 민감도(파라미터)

　ϵ_{ij} : 오차항

효용 기반 접근도는 접근도가 효용 이론에 근거함을 기반으로 하고 있다. 만약 개인이 통행의 선택과정 중 각 종착지마다 효용 값을 할당하고 최대 효용을 만족하는 대안을 선택한다면, 접근도는 로그합으로 잘 알려진 다항 로짓모형을 통해 분석될 수 있다(Neuburger, 1971; McFadden, 1981; Ben-Akiva and Lerman, 1985). [수식 2-12]와 같이 모든 선택과정을 요약하여 표현할 수 있다(Small, 1992).[59]

---

58) Koenig, J. G., 1980, "Indicators of urban accessibility: theory and application", Transportation, Vol.9, No.2, pp.148-149.

59) Geurs, K. T. and Ritsema van Eck, J. R., 2001, op. cit., p.63(재인용).

$$A_n = \ln \left(\sum_k e^{V_k} \right) \quad \cdots\cdots\cdots\cdots\cdots\cdots\cdots\cdots\cdots\cdots \text{[수식 2-12]}$$

단, A_n : 통행자 n의 접근도 지표

V_k : 통행자 n에게 있어서 k(수단/목적지)를 선택함으로써 얻을 수 있는 간접적 또는 관찰된 효용

위 식을 Hansen(1959) 이론에서 발전된 지수거리 감쇄함수를 활용한 잠재력 접근도 측정방법과 연관 지어 [수식 2-13]과 같이 표현할 수 있다.

$$A_n = \frac{1}{\beta} \ln \sum_j D_j e^{-\beta c_{ijm}} \quad \cdots\cdots\cdots\cdots\cdots\cdots\cdots\cdots \text{[수식 2-13]}$$

단, A_n : i에 거주하는 통행자 n의 접근도

β : 비용 민감도

D_j : j에서 얻을 수 있는 기회

c_{ijm} : i지역에서 j지역으로 수단 m을 통한 통행 시 소요되는 통행 비용

Sweet(1997)는 Hansen(1959)과 임의 효용 이론에 근거한 단순 로그 합 방식에 대해, 해당 수식을 통해 도출된 총 효용은 종착지에 도달하기 위해 소요되는 비효용뿐만 아니라 종착지 자체와 관련된 효용이 포함되어 있다는 점을 근거로 문제점을 제시하였다. 이에 Sweet(1997)는 총 효용을 [수식 2-14]와 같이 세 가지 효용의 합으로 제시하였다.[60] Sweet(1997)는 '$\widetilde{V_{in}}$', 즉 '통행자와 종착지의 관계에

---

60) Sweet, R. J., 1997, "An aggregate measure of travel utility", Transportation Research Part B:

서 발생한 효용'이 전체 효용의 로그 합보다 접근도 측정 목적에 적합하다고 주장하였다. 이에 통행자 n의 접근도를 [수식 2-15]와 같이 제시하였다.[61]

$$V_{in} = \widetilde{V}_i + \widetilde{V}_n + \widetilde{V}_{in} \quad \text{.......................................} \quad \text{[수식 2-14]}$$

단, V_{in} : 통행자 n이 도착지 i로 접근하는 데 있어 누적되는 효용

$\widetilde{V}_i$: 종착지 i와 관련된 효용(기회의 수 등)

$\widetilde{V}_n$: 통행자 n과 관련된 효용(사회·경제적 요인 등)

$\widetilde{V}_{in}$: 통행자와 종착지의 관계에서 발생한 효용

$$(\widetilde{V}_{in} = V_{in} - \widetilde{V}_i - \widetilde{V}_n)$$

$$\widetilde{V}_{In} = \ln\sum_{i \in I} \exp(\widetilde{V}_{in}) - \ln\sum_{i \in I} \exp(\widetilde{V}_i) \quad \text{..............} \quad \text{[수식 2-15]}$$

단, $\widetilde{V}_{In}$: 통행자 n의 모든 종착지 i에 대한 효용

Sweet(1997)의 접근도 산출식은 이후 여러 연구에서 활용되었다.[62] 특히, Simmonds(2010)는 Sweet(1997)의 수식을 토지이용모형의 접근도 산정에 활용하여 지역별 접근도를 산출하였다[63]([수식 2-16] 참조).

Methodological, Vol.31, No.5, pp.403-404.

61) Ibid., p.407.

62) Simmonds, D. C., 1999. "The design of the DELTA land-use modelling package", Environment and Planning B: Planning and Design, Vol.26, No.5, p.679.
Geurs, K. T. and Ritsema van Eck, J. R., 2001, op. cit., p.66.
Ivanova, O., 2005, "A note on the consistent aggregation of nested logit demand functions", Transportation Research Part B: Methodological, Vol.39, No.10, pp.892-893.
Simmonds, D., 2010, op. cit., p.83.

63) Ibid., p.83.

$$A_{ti}^{po} = \frac{1}{-\lambda_t^{DP}}(\ln\{\sum_j W_{tj}^p \exp(-\lambda_t^{DP} g_{tij}^{po})\} - K^p) \quad \cdots\cdots \text{[수식 2-16]}$$

단, A_{ti}^{po} : t년도에 차량소유 정도 o인 통행자가 i지역에서 통행목적
  p를 수행할 때 접근도

  λ_t^{DP} : t년도에 통행목적 p의 목적지 선택 파라미터

  W_{tj}^p : t년도에 통행목적 p와 관련된 기회 가중치

  g_{tij}^{po} : t년도에 차량소유 정도 o인 통행자가 통행목적 p를 수행
  하기 위해 i지역에서 j까지 이동할 경우 요구되는 일반화
  비용

  K^p : 통행목적 p의 상수(기준연도의 W_j^p의 로그 합으로 정의됨)

위 접근도 산출식은 토지이용-교통 통합모형 안에서 토지이용과 교통의 상호작용 관계를 잇는 역할을 수행하는 데 주목적이 있다. 산출식을 통해 도출된 지역의 접근도는 주거지와 직장의 입지를 추정하는 데 활용된다. 해당 모형은 통행자를 직업의 종류를 기준으로 구분하여 접근도를 산출한다. 이는 주거입지에 큰 영향을 미치는 요인으로 꼽히는 통근통행의 지역별 기회를 산정하는 데 유리할 뿐 아니라, 주거지와 직장의 입지를 동시에 고려하는 점에서 유리한 형태이다.

2. 관련 국내·외 연구

효용 기반 접근도는 통행자의 사회·경제적 특성을 반영하였다는 장점으로 인해 많은 국내·외 연구에서 활용되었다. Koenig(1980)은

다양한 접근도 산출방식에 대해 정리하였는데, 특히 효용 기반 접근도에 대해 집중하였다. Koenig(1980)은 효용 기반 접근도의 이론적 접근 방식이 개별 통행자 접근도를 설명하는 데 보다 적합하고, 현실적인 접근 방식으로 받아들여진다고 하였다. Koenig(1980)은 프랑스 도시들을 대상으로 효용 기반 방식에 따른 통행비용을 산출하고 이를 통해 도출한 지역의 접근도가 통행 비율을 결정하는 데 있어 강력한 결정요인임을 밝혔다.[64]

Niemeier(1997)는 다항로지스틱 분석을 통해 통행자의 사회 경제적 변수와 통행시간 그리고 직군별 일자리의 비율 등이 오전 통근통행의 수단과 도착지 선택에 미치는 영향을 분석하였다. 분석결과, 정부정책이 각 가구소득별 다른 효용을 미치는 것으로 확인되었다.[65] Levine(1998)은 가구 내 종사자 수와 소득을 기준으로 통행자를 구분하고, 효용에 근거한 접근도 산출방식을 제시함으로써 직주균형과 관련된 새로운 접근 방식을 제안하였다.[66]

Geurs and Ritsema van Eck(2001)는 네덜란드 국립공중보건환경연구소 보고서를 통해 기존 접근도 산출방법을 검토하고 네덜란드를 대상으로 이를 적용함으로써 정책시나리오 효과를 검증하였다. 접근도는 활동 기반 접근도 산출방식인 등고선 방식, 잠재력 방식, Joseph & Bantock's 방식, 이중제약에 의한 역조정계수 방식과 효용 기반 접근도 산출방식을 적용하여 접근도 평가를 하였다. 특히, 효

---

64) Koenig, J. G., 1980, op. cit., p.154.
65) Niemeier, D. A., 1997, "Accessibility: an evaluation using consumer welfare", Transportation, Vol.24, No.4, p.382.
66) Levine, J., 1998, "Rethinking accessibility and jobs-housing balance", Journal of the American Planning Association, Vol.64, No.2, p.142.

용 기반 방식에 따른 접근도를 통해 통행자 소득계층별 지역 접근도
를 산출하였고, 네덜란드 국가정책 수행에 따른 직장으로의 접근도
변화를 소득계층별로 구하였다.[67]

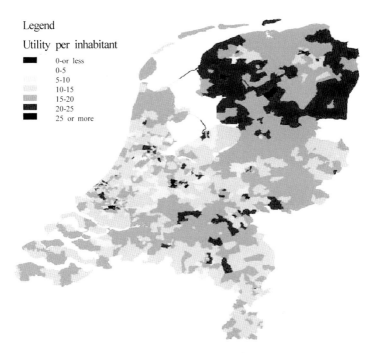

(출처: Geurs, K. T. and Ritsema van Eck, J. R., 2001, p.226)

[그림 2-8] 효용 기반 접근도 관련 국외 연구사례

도시 분야와 관련된 국내 많은 연구에서도 접근도를 산출함에 있
어서 효용 기반 접근도가 활발하게 사용되었다. 효용 기반 접근도를
활용한 국내의 연구는 크게 세 가지로 구분할 수 있다. 첫 번째는 통

---

67) Geurs, K. T. and Ritsema van Eck, J. R., 2001, op. cit., p.143.

행자의 사회·경제적 특성이 수단선택 효용에 미치는 영향 차이를 분석한 연구(조남건·윤대식, 2002; 강수철 외, 2009; 김경범·황경수, 2010)이며 두 번째는 통행자의 입지 지역에 따른 수단선택 효용 차이를 분석한 연구이다(김성희 외, 2001; 조남건·윤대식, 2002; 김형철, 2005; 윤대식 외, 2008). 마지막으로는 한 지역을 대상으로 시기별 수단선택 효용에 미치는 요인별 영향력 차이를 분석한 연구로 구분할 수 있다(백승훈, 2008).[68)]

효용 기반 접근도는 개개인의 사회·경제적 조건에 근거하여 접근도를 산출 가능하다는 점에서 수요자 중심의 정책을 수립하는 데 효과적인 지표로 활용될 것으로 판단되나, 기존 국내 효용 기반 접근도 관련 연구는 단순히 지역, 통행자 그리고 시기별 수단선택 효용에 미치는 요인들의 영향력 차이를 비교하는 도구로만 활용되었다. 이는 국외에서 효용 기반 접근도 기법을 지역별 접근도 산정도구로 활용하는 것과는 큰 차이가 있다.

---

68) 조남건·윤대식, 2002, 「고령자의 통행수단 선택 시 영향을 주는 요인 연구」, 『국토연구』 제33권, 국토연구원, 경기도 안양, 136쪽.

강수철 외, 2009, 「직장인의 차량보유 결정요인 및 통근수단 선택행태 분석」, 『한국정책과학학회보』 제13권 제1호, 한국정책과학학회, 서울, 296쪽.

김경범·황경수, 2010, 「제주지역의 교통수단선택 행태에 관한 연구」, 『한국산학기술학회논문지』 제11권 제12호, 한국산학기술학회, 충남 천안, 4,799쪽.

김성희 외, 2001, 「대중교통으로의 보행거리가 통행수단선택에 미치는 영향」, 『국토계획』 제36권 제7호, 대한국토·도시계획학회, 서울, 300쪽.

김형철, 2005, 「대도시권 교통수단선택 행태분석과 정산모형의 비교」, 한양대학교 대학원 교통공학과 석사학위논문, 서울, 22쪽.

윤대식 외, 2008, 「도농통합도시 시민의 교통수단선택 특성과 통행패턴에 관한 연구」, 『국토연구』 제57권, 국토연구원, 경기도 안양, 127쪽.

전명진·백승훈, 2008, 「조건부 로짓모형을 이용한 수도권 통근수단 선택변화 요인에 관한 연구」, 『국토계획』 제43권 제4호, 대한국토·도시계획학회, 서울, 14쪽.

3. 장단점

　효용 기반 접근도의 중요한 장점은 타 접근도 방식과 달리 경제학 효용이론이라는 탄탄한 이론적 토대에 기반을 둔다는 점이다. 더 나아가 이 방법론은 잠재적 접근도에 비해 더욱 행태적인 요소를 포함하고 있다. 예를 들어 잠재력 접근도가 지역 또는 존의 접근도를 대표한다면, 효용 기반 접근도는 지역에 위치한 개개인의 접근도를 의미한다. 또한 잠재력 접근도는 동일 지역 내 사람들은 같은 효용을 취함을 가정하지만, 효용 기반 접근도는 동일 지역 내 다른 접근도를 산출할 수 있다. 또 다른 장점은 이 방식을 통해 개개인의 접근도를 취합하였을 때 비현실적인 결과물을 도출하지 않는다는 점이다. 그러나 효용 기반 접근도는 비교적 설명하기 어렵다는 단점이 있다.[69]

---

69) Geurs, K. T. and Ritsema van Eck, J. R., 2001, op. cit., p.65-66(재인용).

제5절

접근도 개념의 종합과 연구의 차별성

1. 접근도 개념의 종합

수요자 중심의 주택정책 수립 시 활용 가능한 접근도 산출모형 개발방향을 도출하기 위해 관련 이론 및 선행연구를 검토하였다. 접근도 관련 이론 및 선행연구 검토를 통해 접근도는 많은 연구에서 여러 가지 방법으로 정의되고 활용되며 다양한 방법으로 측정됨을 확인하였다. 이 연구는 접근도를 크게 인프라 기반, 활동 기반, 효용 기반 접근도로 구분하고 이를 구체적으로 살펴보았다.

인프라 기반 접근도는 도로의 정체 혹은 서비스 수준 등을 기준으로 접근도를 산출하고 좋고 나쁨을 판단한다. 인프라 기반 접근도 산출기법은 국내·외에서 교통인프라를 계획 혹은 건설함에 있어서 관측 또는 예상되는 통행량을 기준으로 접근도를 평가하는 데 주로 사용된다. 이러한 활용가치에도 불구하고 인프라 기반 접근도는 토지이용에 따른 교통의 수요와 공급을 반영하지 못하는 한계로 인하여 도시계획 분야에서 자주 활용되지 않는다.

활동 기반 접근도는 인프라 기반 접근도에서 고려하지 않은 토지이용에 따른 교통수요와 공급의 효과를 감안한 기법이다. 이에 활동 기반 접근도는 토지이용패턴과 교통네트워크의 형태를 반영하여 효율성의 이점을 평가하는 데 활용된다. 활동 기반 접근도는 접근도를 정의하는 방식에 따라 다양한 산출기법이 나뉘며, 특히 등고선 방식과 삼재력 방식이 도시계획과 지리학 분야의 많은 연구에서 활용되고 있다. 그러나 동일한 지역 내 통행자일지라도 개별 사회·경제적 조건에 따라 수단 혹은 목적지가 다르게 선택됨에도 불구하고, 활동 기반 접근도는 같은 위치에 존재하는 모든 통행자의 개별 사회적 경제적 특성을 고려하지 않고 동일한 접근도로 취한다는 단점이 있다.

효용 기반 접근도는 통행을 개별 통행자가 각자의 사회·경제적 조건에 따라 개인의 효용을 극대화한 행위라 정의하며 경제학 이론에 기초해 접근도를 산출한다. 이에 효용 기반 접근도는 교통수단 또는 도로특성(속도, 비용 등)뿐만 아니라 통행자의 특성(소득, 인구사회학적 변수 등)을 동시에 고려한다. 효용 기반 접근도는 타 접근도와 달리 통행자의 행태적인 요소를 고려한다는 장점으로 인해 국내·외 많은 연구에서 활용되고 있다. 특히, 국외에서는 이 기법을 활용하여 통행자의 사회·경제적 특성을 근거로 지역의 접근도 값을 도출함으로써 분석대상지 내 동일한 지역에서 다양한 계층의 통행자가 체감하는 접근도를 구분하여 제시하였다는 점에서 국내연구와 차이가 있다.

앞서 정리한 접근도의 세 가지 개념을 간단하게 도식화하면 [그림 2-9, 2-10, 2-11]와 같다. 인프라 기반 접근도의 경우 각 도로 네트워크별로 통행속도 및 서비스 수준 등을 기준으로 접근도를 측정한다.

활동 기반 접근도는 교통조건 외 토지이용 특성을 접근도 산출시 반영한다. 예를 들어 ⓐ기점을 중심으로 접근도를 산정할 때, ㉮, ㉯, ㉰ 종점의 기회의 수를 반영한다. 각 종점별 기회의 수는 ⓐ기점과의 교통조건을 고려하여 반영된다[ⓐ기점 접근도 205=㉮(1.0*100)+㉯(0.7*120)+㉰(0.7*0.5*1.0*60)].

효용 기반 접근도는 교통조건, 토지이용특성 외 통행자(A, B)의 통행특성을 반영한다. 예를 들어 ⓐ기점을 중심으로 접근도를 산정할 때, ㉮, ㉯, ㉰종점에서 통행자와 관련된 기회의 수만을 반영하며, 교통 조건은 통행자가 기·종점 간 이동 시 체감하는 통행비용(비효용)을 반영한다. 또한 통행자의 활동범위를 분석에 포함하여 접근도를 산출한다[ⓐ기점의 통행자 A의 접근도 122=㉮(1.1*60)+㉯(0.8*70)] [ⓐ기점의 통행자 B의 접근도 70.32=㉮(0.9*40)+㉯(0.6*50)+㉰(0.6*0.4*20)].

이 연구는 접근도 관련 이론 및 선행연구 고찰을 통해 다양한 접근도 정의와 산출방법론을 확인하였고, 연구목적에 적합한 접근도 산출방법론을 도출하고자 하였다. 검토 결과, 통행자의 통행효용에 기초한 접근도 산정기법인 효용 기반 접근도 산출방식이 수요자 중심 주택정책 수립 시 활용 가능한 접근도를 산출하는 데 있어서 유리한 방식임을 확인하였다. 따라서 기존 국외에서 기 개발된 효용 기반 접근도 산정식을 기초로 국내의 주거정책에 활용 가능한 접근도 산출모형을 구축하고, 소득계층별 지역 접근도를 산출하여 소득 간 접근도 차이를 구하였다.

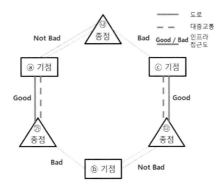

[그림 2-9] 인프라 기반 접근도 개념도

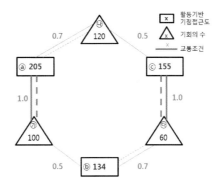

[그림 2-10] 활동 기반 접근도 개념도

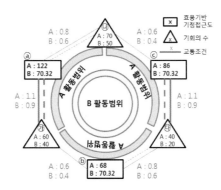

[그림 2-11] 효용 기반 접근도 개념도

2. 연구의 차별성

이 연구는 국내 주택정책 수립 시 수요자의 교통특성을 반영하기 위해, 가구소득계층별 통행특성을 적정수준에서 반영한 접근도 산출모형을 구축하고, 이를 기반으로 지역 접근도를 산출하는 것을 목적으로 한다. 이러한 연구목적하에 연구의 차별성은 다음과 같다.

첫째, 활동 기반 접근도 개념에 기초하여 지역 접근도를 연구한 기존 국내의 연구단계를 효용 기반 접근도 개념에 근거한 국외 접근도 산정기법의 단계로 발전시켰다. 국내에서도 효용 기반 접근도 관련 연구가 진행되어 왔으나, 단순히 지역, 통행자 그리고 시기별로 수단선택 효용에 미치는 요인들의 영향력 차이를 비교하는 도구로 활용하는 데 그쳤다. 이 연구는 국외에서 활용되고 있는 효용 기반의 지역 접근도 산출식을 기반으로 국내 소득계층별 가구의 통행특성을 반영할 수 있는 접근도 산출모형을 구축하고, 이를 활용해 지역 접근도를 산출하였다는 점에서 연구의 차별성이 있다.

이러한 연구의 차별성은 최근 정부가 지역적 수급 불일치 문제를 해결하기 위해 제안하고 있는 '수요자 중심의 주택정책'의 정책적 방향에 부합한다. 정부의 주택정책목표를 원활하게 달성하기 위해서는 수요계층별 활동에 유리한 지역을 선별하는 합리적인 접근도 산출과정이 요구된다. 그럼에도 불구하고 현재 주택정책에서의 접근도 개념은 도심이나 도심 인근지역 혹은 직장과 학교가 가까운 곳이나 대중교통이 편리한 곳이라는 선언적이고 추상적인 개념에 그치고 있다. 이러한 배경하에 이 연구는 주택정책 수요자의 통행특성을 반영한 지역 접근도를 산정한다는 점에서 연구의 차별성과 의의를 갖는다.

둘째, 이 연구 접근도 산출식에 기초가 된 Simmonds(2010) 접근도 산출식이 반영하지 못한 가구소득의 통행특성을 반영하여 국내 접근도 산출모형을 개발하였다는 점에서 차별성을 갖추었다. Simmonds(2010) 접근도 산출식은 토지이용-교통 통합모형 안에서 토지이용과 교통의 상호작용 관계를 연결하는 역할을 수행하는 데 주목적이 있다. 해당 접근도 산출식은 주어진 토지이용과 교통의 조건하에 지역 접근도를 산출하고, 이는 토지이용 모형 내 주거지와 직장의 장기적 입지를 분석하는 모형의 변수로 활용된다. 이러한 활용목적에 적합하게 Simmonds(2010) 접근도 산출식은 직업의 종류를 통행자의 사회·경제적 구분 기준으로 삼았다. 이는 주거지와 직장의 입지를 동시에 고려하는 데 유리한 형태이며, 주거입지에 큰 영향을 미치는 요인으로 꼽히는 통근통행 특성을 반영할 수 있는 형태이다.

그러나 이 연구에서 구축한 접근도 산출모형은 이와는 성격이 다르다. 서두에서 제시한 바와 같이, 이 연구는 주택정책 수요자의 교통특성을 반영한 지역 접근도 산출을 주목적으로 한다. 따라서 주어진 교통조건과 직장의 입지분포를 근거로 지역별 주거입지 매력도를 산출하는 데 활용된다. 이러한 활용목적에 적합하게 이 연구의 접근도 산출모형은 주택정책 수요자의 구분기준으로 활용되는 가구소득을 수요계층 구분기준으로 삼았다. 이러한 접근도 산정식 보완은 통근통행 외 소득계층별 통학통행과 쇼핑통행의 통행특성 차이를 반영할 수 있는 장점이 있다. 또한 통근통행 접근도 산출 시, 각 소득계층별 직업의 비율에 기초하여 가중치를 부여함으로써 소득계층별 직업유형 차이를 분석에 반영하였다. 이는 기존 식에서 통행자를 직업의 유형으로 분류한 장점을 일부 반영한 것이다.

세 번째 이 연구의 차별성은 접근도 산출방식을 단일식의 형태가 아닌 다양한 하위모형으로 구성하고 하위모형 간의 유기적 관계를 설정하였다는 점이다. 소득계층별 지역 접근도는 소득계층별 각 존 간 통행 효용 값과 소득계층별 통행특성 등이 요구된다. 이는 ① 각 존 간 수단별 통행시간 및 비용 산출과정, ② 통행목적 및 소득계층별 각 존 간 통행효용 산출과정, ③ 통행목적 및 소득계층별 효용 기반 접근도 산출과정이 순차적으로 진행되면서 각 단계별 하위모형 간의 관계정립을 통해 도출할 수 있다.

이에 이 연구는 접근도 산출과정을 크게 세 가지 단계로 구성하고 각 단계별 하위모형 간의 유기적인 관계를 설정하였다. 이러한 하위모형으로의 접근도 산출과정 구성은 추후 지속적인 연구를 통해 하위모형을 추가해 나갈 수 있는 구조로, 연구의 지속성과 확장성이 높다고 할 수 있다.

제3장

가구소득계층 구분
기준과 통행특성

제1절

통행목적 및 주 통행수단 정의

1. 목적통행 접근방법

전통적인 교통수요분석의 기법에서 통행 유출-유입(OD: Origin-Destination) 통행량과 통행 생성-유인(PA: Production-Attraction) 통행량의 개념이 일반적으로 동시에 적용된다. OD 접근방법과 PA 접근방법은 통행 수의 산출방법을 통해 구분할 수 있다. PA 접근방법에 있어 가정기반통행(home-based trip)의 경우 통행의 방향과 관련 없이 가정이 있는 존이 통행 생성 존(production zone)이 되고, 그 통행의 가정이 아닌 다른 쪽 통행단(trip end)은 통행 유인 존(attraction zone)이 된다. 한 예로 출근과 퇴근(귀가) 통행의 경우, 두 통행이 모두 가정이 있는 존이 통행 생성 존이 되고 직장이 있는 존이 통행 유인 존이 된다. 그러므로 출근과 퇴근 두 통행의 통행 생성 존과 유인 존이 동일하므로 방향별로 통행목적을 구분하지 않고 가정기반 출퇴근통행을 하나의 목적통행으로 취급한다.

OD 접근방법에 있어서는 출근통행의 경우 가정이 있는 존이 통행 유출 존(origin zone)이 되고, 직장이 있는 존이 통행 유입 존

(destination zone)이 된다. 반면, 퇴근통행의 경우 직장이 있는 존이 통행 유출 존이 되고 가정이 있는 존이 통행 유입 존이 되어 출근 및 퇴근 두 통행의 통행 유출 지점과 통행 유입 지점에 차이가 있다. 그러므로 OD 접근방법의 경우 출근과 퇴근(귀가)을 같은 통행목적으로 취급하지 않고 별도의 목적통행으로 구분하여 분석한다. 비가 정기반통행의 경우는 PA 접근방법이다. OD 접근방법이 존 간 통행량 산출방법이 동일하여 통행 생성 존이 통행 유출 존이 되고 통행 유인 존이 통행 유입 존이 되며 분석상에 차이가 발생하지 않는다 ([그림 3-1] 참조).[70]

OD 접근방법에서는 다양한 활동목적을 집합화하여 하나의 통행목적 범주로 묶는 반면, PA 접근방법의 경우 가정에서 출발하고 가정으로 돌아오는 통행 수를 함께 고려함으로써 근본적인 통행의 특성을 손실시키지 않고 유지하게 된다. 이와 같이 근본적인 활동목적을 반영하고 귀가통행을 하나의 통행목적 범주에 포함시켜 동일한 특성을 함께 유지하도록 한 PA 접근방법은 통행행태를 기초로 하였기에 이론적으로 OD 접근방법보다 우수하다고 할 수 있다.[71] 이에 이 연구에서는 PA 접근방법을 이용하여 목적통행을 정의하였다.

---

70) 김익기, 1997, 「교통수요분석에서 통행목적별 OD 접근방법과 PA 접근방법의 이론적 비교연구」, 『대한교통학회지』 제15권 제1호, 대한교통학회, 서울, 46쪽.

71) 김순관 외, 2009, 『수도권 장래교통 수요예측 및 대응방안 연구』, 수도권교통본부, 서울, 41쪽.

가정기반 통행 (Home Based Trip)

비가정기반 통행 (Non-Home Based Trip)

(출처: 김익기, 1997, 49쪽)

[그림 3-1] PA 방식과 OD 방식의 통행량 산출방법 차이

2. 통행목적 분석범위 정의

「국가통합교통체계효율화법」에 따라 한국교통연구원이 주체가 되어 조사·분석·구축하고 배포하는 국가교통DB(이하 KTDB) 자료는 국가기간교통망계획 및 중기투자계획 등 국가교통정책에 국가 공식자료로 활용되고 있다. 또한 예산 당국의 재정집행 효율화를 목적으로 국가재정법에 따라 수행되는 예비타당성조사 등 교통 부문의 계획 및 평가에서 기초자료로 활용되어 국내 교통 부문 SOC 사업의 계획 및 평가에 매우 중요한 기초자료로 평가된다.[72]

---

72) 김익기·박상준, 2015, 「장래 개발계획에 의한 추가 통행량 분석 시 OD 패턴적용과 PA 패턴적
  용의 분석방법 비교」, 『대한교통학회지』 제33권 제2호, 대한교통학회, 서울, 114쪽.

한국교통연구원은 국가교통조사, 여객통행실태조사, 화물통행실태조사 등 목적에 따라 다양한 형태의 조사를 실시하고 있다. 이 중 여객통행량실태조사 자료는 인구구조 및 사회·경제적 여건변화, 교통체계의 물리적 변화로 인한 국민통행행태의 변화를 파악하고, 우리나라 각종 교통계획의 효과적인 수립, 시행, 평가의 기초자료로 사용되는 기·종점 통행량을 구축하는 데 활용된다. 1998년 공공근로 사업으로 전국 여객 기·종점 조사가 실시되었으며, 이후 「국가통합교통체계효율화법」에 근거해 5년마다 정기 국가교통조사를 실시하고 있다.[73]

여객통행실태조사는 1998년 1차 조사 이후 2005년 2차 조사, 2010년 3차 조사 그리고 2016년 4차 조사를 진행하였다. 현재 2016년 조사 자료는 공개 이전인 관계로 이 연구에서는 가용 가능한 가장 최신 자료인 2010년 자료를 활용하여 분석을 수행하였다.

KTDB에서 제공하고 있는 2010년 여객통행실태조사자료는 한국교통연구원에서 전수화 작업을 통해 제공하는 가공자료와 가공 이전의 설문응답 형태인 교통원시자료로 구분된다. 이 연구는 지역 간 목적 및 수단별 통행량뿐 아니라 통행자의 사회·경제적 속성을 분석대상으로 삼기 때문에 교통원시자료를 분석에 활용하였다.

2010년 여객통행실태조사 중 가구통행실태조사는 해당 지역의 가구 일반현황 및 통행 여부를 확인하는 조사로써, 개인통행실태 및 통행특성 등을 분석하는 데 활용된다. 가구통행실태조사자료의 원시자료는 가구와 가구원 그리고 수도권 시도별 통행 자료로 구성된다.

---

73) 국가교통DB홈페이지: https://www.ktdb.go.kr/www/index.do

이 중 통행량 산정에 근거가 되는 통행 자료는 통행자의 고유 코드와 함께 통행목적과 수단, 통행의 기·종점과 통행시간 등으로 구성된다. 앞 절에서 언급한 바와 같이 이 연구는 근본적인 활동목적을 반영하고 귀가통행을 하나의 통행목적 범주에 포함시켜 동일한 특성을 함께 유지하도록 한 PA 접근방법을 이용하였다. 이에 자료의 가공과정이 요구된다.

PA 접근방법에서 통행목적 구분기준은 통행 유인 존으로 가는 활동목적에 의해 정의된다. 이 연구는 가구의 입지선정에 고려되지 않을 것으로 판단되는 비가정기반 통행과, 분석대상지 지역 간 큰 차이가 없을 것으로 판단되는 초중고교 통학통행, 그리고 통행의 목적이 불분명한 가정기반 기타통행을 제외한 총 세 개의 목적통행을 통행목적으로 정의하였다. 한국교통연구원에서 수행한 2011년 전국여객O/D 전수화 및 장래수요예측[74]의 방법론에 기초하여 [표 3-1, 3-2]와 같이 PA 접근방법 통행목적을 정의하였다.

[표 3-1] PA 통행목적 구성

PA 접근방법 통행목적		2010년 가구통행실태조사 목적구분
가정 기반	통근통행	집에서 출발한 통근, 업무통행 통근, 업무 후 집으로 도착한 귀가통행
	통학통행 (대학 이상)	통행자가 성인(20세 이상)인 통행 중 집에서 출발한 통학통행 통학 후 집으로 도착한 귀가통행
	쇼핑통행	집에서 출발한 쇼핑통행 쇼핑 후 집으로 도착한 귀가통행

---

74) 김수철·김찬성, 2012, 『2011년 전국여객 O/D 전수화 및 장래수요예측 Ⅱ』, 한국교통연구원, 경기 고양, 140-141쪽.

[표 3-2] PA 목적통행 구분 방법

가구원당 목적 통행 수	구분	설문지 통행목적	통행발생모형 목적구분(PA)		
			조건		목적
1	가정 기반	귀가	출발지가 직장인 경우		가정기반 통근통행
			출발지가 학교인 경우		가정기반 통학통행
		통근	모든 조건		가정기반 통근통행
		통학	모든 조건		가정기반 통학통행
		업무	모든 조건		가정기반 통근통행
		귀사	모든 조건		가정기반 통근통행
		쇼핑	모든 조건		가정기반 쇼핑통행
2 이상	가정 기반	귀가	첫 번째 목적통행 귀가	출발지가 직장	가정기반 통근통행
				출발지가 학교	가정기반 통학통행
			두 번째 이후 목적통행 귀가	출발지에 도착했던 통행목적 가정기반	전 통행의 활동목적 기준으로 정의
				출발지에 도착했던 통행목적 비가정기반	최초 통행의 활동목적기준으로 정의
		통근	모든 조건		가정기반 통근통행
		통학	모든 조건		가정기반 통학통행
		업무	모든 조건		가정기반 통근통행
		귀사	모든 조건		가정기반 통근통행
		쇼핑	모든 조건		가정기반 쇼핑통행

3. 주 통행수단 정의

2010년 가구통행실태조사 원시자료는 각 수단별 통행단위로 구분하여 구축한다. 즉, 한 목적통행을 위해 두 가지 이상의 통행수단을 활용한 경우, 동일한 목적의 각 수단 통행별로 데이터가 구축된다. 이 연구는 주 통행수단을 승용차와 대중교통 두 가지로 설정하고 한국교통연구원에서 수행한 2011년 전국 여객O/D 전수화 및 장래수요예측75)의 방법론을 활용하여 목적통행별로 데이터를 취합하고 각 목적통행별 주 통행수단을 정의하였다.

주 통행수단은 세 단계로 구분하여 설정하였다. 첫 번째 단계는 가구통행실태조사 기준 수단을 다섯 개 수단(도보, 승용차, 버스, 도시철도, 기타)으로 변경하였다. 두 번째 단계는 각 수단통행의 통행목적자료를 활용하여 목적통행별 자료를 취합, 통행수단을 나열하였다. 마지막으로 구축한 단일수단통행(단일 수단을 통한 목적통행)과 복합수단통행(다 수단을 통한 목적통행)의 통행수단을 두 개 수단(승용차, 대중교통)으로 변경하였다([표 3-3, 3-4] 참조).

[표 3-3] 통행수단 정의 기준(18개 수단→5개 수단)

가구통행실태조사 기준		재분류 기준
수단구분	TYPE	
도보	1	도보
승용승합	2	승용차
승용승합동승	3	기타
시내버스	4	버스
시외버스	5	기타
마을버스	6	버스
광역버스	7	버스
고속버스	8	기타
기타버스	9	기타
지하철	10	도시철도
철도	11	기타
KTX	12	기타
택시	13	기타
소형화물	14	기타
중대형화물	15	기타
오토바이	16	기타
자전거	17	기타
기타	18	기타

75) 김수철·김찬성, 2012, 앞의 보고서, 140-141쪽.

[표 3-4] 통행수단 조합 기준(11가지 경우의 수→2가지 경우의 수)

단일수단 / 복합수단		재분류 기준
승용차 포함	승용차(단일)	승용차
	승용차+도보	승용차
	승용차+기타	승용차
	승용차+버스/도시철도	대중교통
버스 포함	버스(단일)	대중교통
	버스+도보	대중교통
	버스+기타	대중교통
	버스+도시철도	대중교통
도시철도 포함	도시철도(단일)	대중교통
	도시철도+도보	대중교통
	도시철도+기타	대중교통

가구소득계층 구분 기준

1. 공공임대주택 입주자격과 가구통행실태조사 가구구분기준

1) 가구소득별 공공임대주택 입주자격

정부는 주택 수요자의 주거욕구를 파악하고, 이들에게 필요한 주택을 적절히 공급하기 위해, 가구소득을 기준으로 수요자를 분류하고, 각 소득계층별 차별화된 주택정책을 수립하였다. 특히, 공공임대주택 정책을 통해 소득계층별 차별화된 주택공급을 수행하고 있다.

정부가 추진하고 있는 공공임대주택정책은 영구임대주택, 국민임대주택, 장기전세주택, 공공임대주택, 전세임대주택, 행복주택, 뉴스테이 등으로 다양하나, 현재 실질적으로 공급이 이루어지고 있는 정책은 국민임대, 공공임대, 행복주택 그리고 뉴스테이 정도이다.[76] 정부는 해당 정책들을 통해 저소득층에서부터 중산층까지의 주거안정을 목표로 하고 있다.[77]

입주자격에 따르면 소득 10분위 중 소득 4분위 이하(도시근로자

---

76) 마이홈포털 홈페이지: https://www.myhome.go.kr/hws/portal/main/getMgtMainPage.do
77) 행복디딤돌 공공주택 홈페이지: https://portal.newplus.go.kr/newplus_theme/portal/

가구당 월평균 소득 70% 이하)는 '주거수준 미흡 및 주거비 부담능력 취약계층'으로 분류하고, 절대지원계층으로 정의하며, '국민임대' 주택정책의 입주 대상자로 삼는다. 소득 6분위 이하(도시근로자 가구당 월평균 소득 120% 이하)는 '정부지원 시 자가 구입 가능계층'으로 분류하고 부분지원계층으로 정의하며, '공공임대'와 '행복주택'의 입주 대상자로 삼는다. 그 외 뉴스테이는 가구소득에 따른 기준은 없으나, 국토교통부 뉴스테이 정책 홈페이지에 따르면 소득 3분위에서 9분위 가구(도시근로자 가구당 월평균 소득 150% 이하)를 정책의 대상으로 삼는 것을 확인하였다.[78]

[표 3-5] 공공임대주택정책 목표와 입주자격

구분		내용
국민임대	정의	무주택 저소득층(소득 1-4분위)의 주거안정을 도모하기 위해 건설·공급하는 가구소득이 전년도 도시근로자 임대주택
	소득기준	대상: 전년도 도시근로자 가구당 월평균 소득 70%(소득 4분위) 이하인 가구
		전용면적 50㎡ 미만 우선공급: 전년도 도시근로자 가구당 월평균 소득 50%(소득 2분위) 이하인 가구
공공임대	정의	5년·10년 공공임대주택 및 분납임대주택은 임대의무기간 동안 임대 후, 분양 전환하는 임대주택
	소득기준	생애최초, 신혼부부(배우자 소득 없는 경우), 일반: 전년도 도시근로자 가구당 월평균 소득 100%(소득 5분위) 이하인 가구
		노부모부양, 다자녀, 신혼부부(배우자 소득 있는 경우): 전년도 도시근로자 가구당 월평균 소득 120%(소득 6분위) 이하인 가구
행복주택	정의	대학생, 신혼부부, 사회초년생 등을 위해 직장과 학교가 가까운 곳이나 대중교통 편리한 곳에 짓는 저렴한 공공임대주택
	소득기준	주거급여 수급자 외: 전년도 도시근로자 가구당 월평균 소득 100%(소득 5분위) 이하인 가구
뉴스테이	정의	중산층의 주거불안을 해소하는 주거혁신정책
	소득기준	기준 없음. 단, OECD는 중위소득의 50-150%에 해당하는 가구를 중산층으로 규정하고 있으며 우리나라에서는 소득 3분위와 9분위 사이

78) 국토연구원, 2008, 앞의 논문, 2쪽.
  마이홈포털 홈페이지: https://www.myhome.go.kr
  국토교통부 뉴스테이 공식 블로그: http://blog.naver.com/newstay/220301178787

2) 가구통행실태 조사자료 가구소득구분 기준

통행자의 통행패턴과 수단선호를 분석하기 위해 가구통행실태조사 원시자료를 활용하였다. 해당 자료의 가구정보는 가구원 수, 차량보유 여부 및 대수, 주택의 종류 및 소득 등 가구의 사회·경제적 특성을 포함하고 있다. 이 중 가구소득과 관련된 기준은 총 6분위로 구성되어 있으며, 각 계층별 기준은 [표 3-6]과 같다.

[표 3-6] 가구소득계층 기준(2010년 가구통행실태조사)

가구소득분위	월 소득
1분위	100만 원 미만
2분위	200만 원 미만
3분위	300만 원 미만
4분위	500만 원 미만
5분위	1,000만 원 미만
6분위	1,000만 원 이상

2. 가구소득계층 구분 기준 정의

가구소득 구분기준을 정의하기 위하여 소득분위별 주택정책의 수요계층 기준과 가구통행실태 조사 자료를 검토하였다. 가구소득계층 구분 기준은 정부가 통상적으로 주택 수요자를 구분하는 소득계층 기준을 참조하여 총 세 계층(1, 2, 3분위 / 4분위 / 5, 6분위)으로 구분하였다. 각 소득계층별 월평균 소득과 공공임대주택 정책 수요계층을 [그림 3-2]와 같이 비교하였다.

공공임대주택 정책의 수요계층은 통계청에서 제시하고 있는 도시에 거주하고 있는 근로자 가구의 월평균 소득을 기준으로 삼고 있다. 분석의 시간적 범위인 2010년 기준, 가구원 수별 가계수지에 따르면 2인 이상 가구의 도시근로자 가구당 월평균 소득은 4,007,671원이다. 가구통행실태조사 자료의 가구소득 3분위 이하는 월 소득 300만원 미만으로서, 통계청 가구소득기준의 4분위(2,965,453원)와 유사한 수치이다. 한편, 가구통행실태조사 자료의 가구소득 4분위는 월 소득 500만 원 미만으로서, 통계청 가구소득기준 8분위(5,051,094원)와 유사한 수치이다.

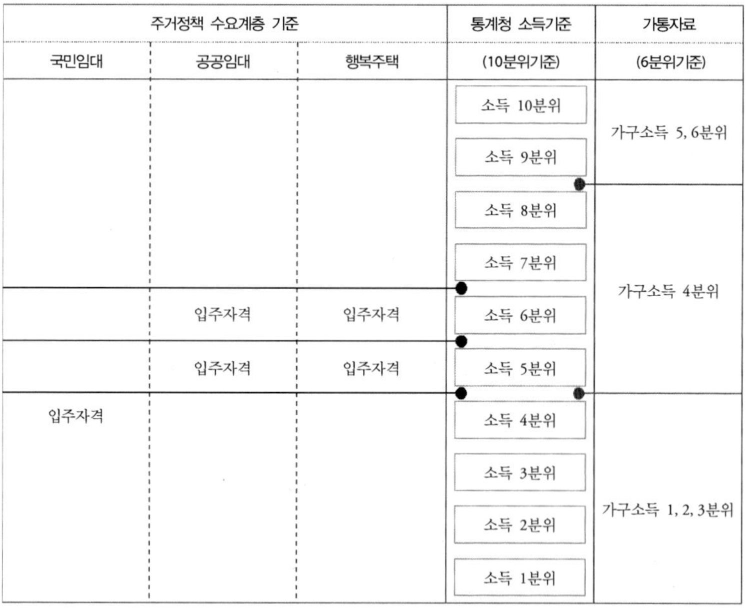

주거정책 수요계층 기준			통계청 소득기준	가통자료
국민임대	공공임대	행복주택	(10분위기준)	(6분위기준)
			소득 10분위	가구소득 5, 6분위
			소득 9분위	
			소득 8분위	가구소득 4분위
			소득 7분위	
	입주자격	입주자격	소득 6분위	
	입주자격	입주자격	소득 5분위	
입주자격			소득 4분위	가구소득 1, 2, 3분위
			소득 3분위	
			소득 2분위	
			소득 1분위	

[그림 3-2] 가구소득 구분기준(2010년 가구원 2인 이상 기준)

제3절

소득계층별 통행특성 비교

1. 가구통행실태조사 원시자료 기초통계량

2010년 가구통행실태조사의 유효 표본가구는 473,001가구로서 2010년 총 가구의 2.5%에 해당된다. 서울의 유효 표본율은 2.41%, 인천시와 경기도는 2.45%에 달한다.[79] 이 연구는 해당 자료를 활용하고 3장 2절에서 제시한 통행목적과 주 통행수단 그리고 통행자의 가구소득기준에 근거하여 통행특성을 분석하였다.

수도권 가구통행실태조사 원시자료는 총 226,563호의 가구, 661,779명의 가구원을 포함하고 있다. 각 시도별 관측 통행량은 서울시 611,550통행, 인천시 180,407통행 그리고 경기도 598,221통행이다. 수도권 가구통행 실태 조사의 원시자료를 앞 절에서 제시한 세 개의 목적통행과 두 개의 주 통행수단을 활용한 통행으로 국한하면 총 150,887호의 가구의 210,103명 가구원 통행으로 한정된다. 통행량은 서울시 195,918통행, 인천시 52,311통행, 경기도 155,229통행이다.

---

79) 국가교통DB홈페이지: https://www.ktdb.go.kr/www/index.do

[표 3-7] 통행자료 기초 통계량(2010년 수도권 가구통행실태조사자료)

구분	기초 통계량		
	서울시	인천시	경기도
가구 수(호)	150,887		
가구원 수(명)	210,103		
목적통행 수(통행)	195,918	52,311	155,229

가구소득은 앞서 정의한 기준에 근거하여 소득 1, 2, 3분위, 4분위 그리고 5, 6분위 총 세 개 계층으로 구분하였다. 각 소득계층은 저소득, 중소득, 고소득으로 명명하였다. 소득계층별 가구 수는 저소득계층이 80,069호로 전체 가구의 약 53.1%를 차지하였다. 중소득계층은 48,505호로 전체 가구의 약 32.1%, 고소득계층은 22,313호로 약 14.8%를 차지하였다([그림 3-3] 참조).

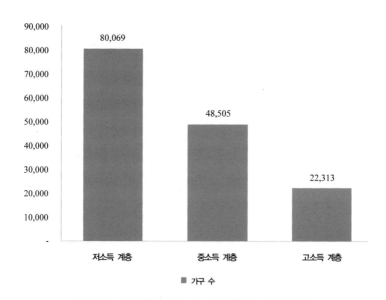

[그림 3-3] 소득계층별 가구 수(가구통행실태조사 원시자료)

이후 가구 소득계층별 차량을 보유하고 있는 가구 수의 비율을 비교하였다. 가구의 차량보유 여부는 가구원의 통행발생 시 수단선택과 관련하여 영향관계가 있기 때문이다. 분석결과 저소득계층의 경우 가구의 약 70%가 차량을 보유하고 있으며, 중소득과 고소득의 경우 각각 약 90%, 95%의 가구가 차량을 보유하고 있다. 즉, 저소득계층의 경우 차량을 보유하지 않은 가구가 대략 30%에 달하는 반면, 그 외 소득계층에서는 차량을 보유하고 있지 않은 가구가 10%를 넘지 않은 것으로 밝혀졌다([그림 3-4] 참조).

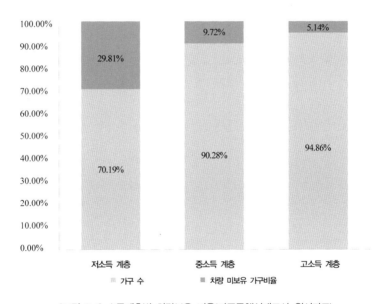

[그림 3-4] 소득계층별 차량보유 비율(가구통행실태조사 원시자료)

2. 가구소득계층별 통행특성

1) 통행목적별 가구당 평균 통행발생량 비교

소득계층별 가구의 통행특성을 파악하기 위하여 통행목적별 가구당 평균 통행발생량을 산출하고 비교 분석하였다. 분석결과, 쇼핑통행을 제외한 타 목적통행에서 가구소득이 증가할수록 가구당 발생하는 평균 통행량이 증가함을 알 수 있다. 쇼핑통행의 경우 소득 저소득계층에서 가장 높은 통행발생량을 보였고, 중소득계층에서 가장 낮은 통행발생량을 나타냈다([그림 3-5] 참조).

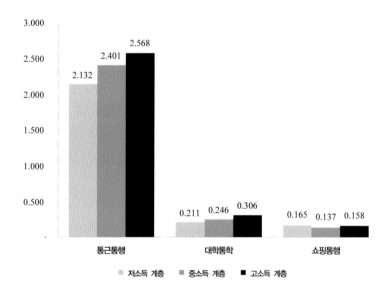

[그림 3-5] 소득계층별 목적통행 비율(가구통행실태조사 원시자료)

소득계층별 가구당 평균 목적통행 발생량의 차이를 계량적으로 검증하기 위하여 일원변량분석(one-way ANOVA)을 수행하였다. 분석결과, 대부분의 통행목적에서 소득계층별로 통행발생량에 유의미한 차이가 있음을 확인하였다. 단, 쇼핑통행 시 저소득계층과 고소득계층 간의 통행발생량에는 유의미한 차이가 없음을 확인하였다([표 3-8] 참조).

[표 3-8] 소득계층별 목적통행 발생량 비교분석

구분		평균	표준편차	F값	유의확률	사후검정	
						다중비교	유의확률
통근통행	저소득	2.13	1.119	1549.101	.000	중소득	.000
						고소득	.000
	중소득	2.40	1.190			저소득	.000
						고소득	.000
	고소득	2.57	1.359			저소득	.000
						중소득	.000
대학통학	저소득	.21	.662	167.015	.000	중소득	.000
						고소득	.000
	중소득	.25	.722			저소득	.000
						고소득	.000
	고소득	.31	.796			저소득	.000
						중소득	.000
쇼핑통행	저소득	.16	.568	40.023	.000	중소득	.000
						고소득	.239
	중소득	.14	.515			저소득	.000
						고소득	.000
	고소득	.16	.547			저소득	.239
						중소득	.000

2) 통행목적별 수단선택 비교

앞의 분석을 통해 통행목적별 가구당 평균 통행발생량이 소득계층별로 유의미한 차이가 있음을 확인하였다. 이어 각 통행목적별 수단선택이 소득계층별로 유의미한 차이가 있는지 비교하였다. 목적통행별 수단선택 비교는, 각 소득계층별 승용차 통행비율을 통해 분석하였다. 분석결과, 대학 이상 통학통행을 제외한 통행에서 가구의 소득이 증가할수록 승용차의 통행비율이 증가함을 알 수 있다. 또한 저소득계층과 중소득계층 가구는 통근통행 시 승용차 통행비율이 가장 높은 반면, 고소득계층 가구는 쇼핑통행 시 통근통행에 비해 승용차를 이용한 비율이 더 높은 것을 알 수 있다. 대학 이상의 통학통행은 타 목적에 비해 승용차를 이용한 비율이 현저히 낮았으며, 저소득계층과 중소득계층 간의 차이가 크지 않음을 확인하였다([그림 3-6] 참조).

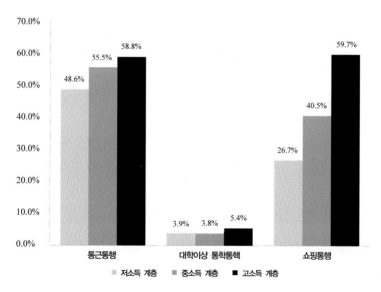

[그림 3-6] 소득계층별 각 목적통행의 승용차 선택비율
(가구통행실태조사 원시자료)

통행목적별 수단선택 차이를 계량적으로 검증하기 위하여 일원변량분석을 수행하였다. 분석결과, 대부분의 목적통행에서 소득계층별

로 수단선택에 유의미한 차이가 있음을 확인하였다. 단, 대학 이상
의 통학통행 시 저소득계층과 중소득계층 간의 수단선택에는 유의
미한 차이가 없음을 확인하였다([표 3-9] 참조).

[표 3-9] 소득계층별 승용차 선택비율 비교분석

구분		평균	표준 편차	F값	유의 확률	사후검정	
						다중비교	유의 확률
통근 통행	저소득	.49	.500	1176.011	.000	중소득	.000
						고소득	.000
	중소득	.56	.497			저소득	.000
						고소득	.000
	고소득	.59	.492			저소득	.000
						중소득	.000
대학 통학	저소득	.04	.193	17.568	.000	중소득	.881
						고소득	.000
	중소득	.04	.190			저소득	.881
						고소득	.000
	고소득	.05	.227			저소득	.000
						중소득	.000
쇼핑 통행	저소득	.27	.443	750.790	.000	중소득	.000
						고소득	.000
	중소득	.41	.491			저소득	.000
						고소득	.000
	고소득	.60	.491			저소득	.000
						중소득	.000

3) 소결

이상에서 2010년 통행실태조사의 원시자료를 활용하여 통행목적
및 소득계층별 통행발생량과 수단선택의 차이에 관해 분석하였다.

분석결과, 각 소득계층별 통행발생량과 수단선택의 유의미한 차이가 있음을 확인하였다. 이는 가구의 소득이 통행발생에 미치는 유의미한 영향을 분석한 선행연구(Golob, 1989; Schmöcker 외, 2005; 장태연 외, 2002; 김채만, 2009; 이종호, 2011)[80]와 소득에 따라 수단선택에 유의미한 차이를 분석한 선행연구(Niemeier, 1997; Levine, 1998; 오재학·박지형, 1997; 조중래·김채만, 1998)[81]와 일치하는 결과이다. 위의 결과를 바탕으로 4장에서 가구소득계층별로 지역 접근도를 산출할 수 있는 접근도 산출모형을 구축하였다.

80) Golob, T. F., 1989, "The causal influences of income and car ownership on trip generation by mode", Journal of Transport Economics and Policy, p.156.
Schmöcker, J. D. et al., 2005, "Estimating trip generation of elderly and disabled people: analysis of London data." Transportation Research Record: Journal of the Transportation Research Board, No.1924, p.12.
장태연 외, 2002, 「과산포 현상을 고려한 가구 내 비가정기반통행발생 모형구축」, 『한국지역개발학회지』 제14장 제3호, 한국지역개발학회, 130쪽.
김채만·좌승희, 2009, 『가구소득을 반영한 가구통행발생모형 개발』, 기본연구 2009-11, 경기개발연구원, 경기 수원, 23쪽.
이종호, 2011, 「서울시 가구통행발생 특성 분석」, 『대한토목학회지』 제31장 제5호, 대한토목학회, 서울, 660쪽.

81) Niemeier, D. A., 1997, op. cit., p.385.
Levine, J., 1998, op. cit., p.142.
오재학·박지형, 1997, 『수도권 여객통행행태의 조사: 개별통행행태모형의 정립을 중심으로』, 교통개발연구원, 서울, 77쪽.
조중래·김채만, 1998, 「출근통행 교통수단 선택행태의 지역 간 비교연구-서울과 일산 신도시를 중심으로」, 『대한교통학회지』 제16권 제4호, 대한교통학회, 서울, 81쪽.

제4장

소득계층별 지역 접근도 산출

제1절

접근도 산출모형 구축

1. 접근도 산출모형의 구축방향 설정

이 연구는 수요자 중심의 주택정책 수립을 위해, 국내 가구소득계층별 통행특성을 적정수준에서 반영한 접근도 산출모형을 구축하고, 이를 기반으로 지역 접근도를 산출하는 것을 목적으로 한다. 연구목적에 부합하는 접근도 산출모형을 구축하기 위하여 세 가지 구축방향을 설정하였다.

첫째, 기존 국내·외 선행연구와 접근 가능한 데이터에 기초하여 접근도의 영향요인을 설정한다. 둘째, 주택정책 수요자 구분기준인 가구소득별로 구분하여 지역 접근도를 산출한다. 셋째, 수도권의 소득계층별 통행특성을 적정수준에서 반영하고 이를 체계적으로 구조화한 모형을 구축한다.

2. 접근도 영향요인 설정

접근도 산출모형을 구축하기에 앞서, 우선 접근도의 영향요인을 정의하였다. 접근도에 영향을 미치는 요인은 접근도에 대한 해석 방식과 측정목적에 따라 다양하게 정의된다. 이 연구는 Geurs and Wee(2004)가 제시한 네 가지 영향요인을 근거로 접근도 영향요인을 설정하였다.[82]

Geurs and Wee(2004)는 접근도의 영향요인을 토지이용, 교통인프라, 시간적 요인 그리고 개인특성 네 가지로 제시하였다. 이 중 토지이용은 통행의 기회요소와 관련된 요인으로 각 지역의 업종별 일자리 수와 수용 가능 학생 수를 변수로 삼았다. 교통인프라는 통행시간, 비용, 노력과 관련된 요인이다. 이 연구는 수도권의 행정동별 통행시간과 비용을 산출하여 교통인프라 요인의 변수로 삼았다. 시간요인은 통행의 첨두시간과 비첨두시간을 결정한다. 이 연구는 통행시간과 비용을 오전첨두, 오후첨두, 비첨두시간대로 구분하여 산출함으로써 이를 분석에 포함시켰다. 마지막으로 개인특성은 통행자의 특성에 따른 능력과 기회를 대표한다. 이 연구는 수요맞춤형 주택정책에서 활용할 수 있는 가구소득과 차량보유 여부를 기준으로 개인특성을 분류하였다([표 4-1] 참조).

[표 4-1] 접근도 영향요인

영향요인	산출모형 적용	영향요인	산출모형 적용
토지이용	통행목적별 가중치 (일자리, 수용학생 수)	교통인프라	존 간 비효용 (통행시간, 비용)
시간	분석 시간대 구분 (오전, 오후, 비첨두)	개인특성	사회·경제적 요인 (소득계층, 차량보유)

---

82) Geurs, K. T. and Van Wee, B., 2004, op. cit., p.128.

3. 접근도 산출식 구축

효용 기반 접근도는 '각 지점을 중심으로 주어진 토지이용과 교통인프라 조건하에 통행자의 사회·경제적 조건을 고려하여 각 종착지마다 얻을 수 있는 효용의 로그 합'으로 정의된다. 접근도 산출모형은 국외에서 기 개발되어 활용 중인 효용 기반 접근도 산정모형을 검토하고 국내 통행자의 소득계층별 특성을 반영할 수 있는 모형으로 발전시켜 [수식 4-1]과 같이 재구축하였다.

접근도 산출 시 가구소득계층은 앞서 제시한 저소득, 중소득, 고소득계층으로 정의하였으며, 통행목적은 통근, 대학 이상 통학, 쇼핑통행으로 한정하였다. 저소득계층의 가구는 약 30%가량 차량을 보유하지 않았기 때문에, 차량 보유가구의 접근도와 차량 미보유 가구의 접근도를 구분하여 산출하였다. 그러나 중소득, 고소득 가구는 차량을 보유하지 않은 가구가 10% 미만(각각 9.7%, 5.1%)으로 대부분 가구에서 차량을 보유하고 있기 때문에, 차량을 보유한 가구만을 대상으로 접근도를 산정하였다.

또한 통근통행 접근도 산출 시 각 소득계층별 직업의 비율에 기초하여 일자리 가중치를 부여함으로써 소득계층별 직업유형을 분석에 반영하였다. 반면, 그 외 목적통행인 대학교 통학통행과 쇼핑통행은 소득계층의 구분 없이 지역별 수용 가능한 대학교 학생 수와 도소매업의 일자리 수를 기준으로 산정하였다.

$$A_i^{peo} = \frac{1}{\lambda_D^{peo}}[\ln\{\sum_j W_j^{pe}\exp(\lambda_D^{peo} V_{ij}^{peo})\} - K^{pe}]$$ ·········· [수식 4-1]

단, A_i^{peo} : 존 i에서 가구소득계층이 e(저소득, 중소득, 고소득)이며 가
구차량보유 여부가 o(미보유, 보유)인 통행자가 p목적통행
(통근, 대학 이상 통학, 쇼핑)과 관련된 접근도(차량 미보
유 가구의 접근도는 저소득계층만을 산출하였고, 차량 보
유 가구의 접근도는 저/중/고소득계층 모두 산출함)

V_{ij}^{peo} : 가구소득계층이 e이며 가구차량보유 여부가 o인 통행자가
존 i에서 존 j까지 p목적통행 시 통행효용 값(차량 미보유
가구의 통행효용은 저소득계층만을 산출하였고, 차량 보유
가구의 통행효용은 저/중/고소득계층 모두 산출함)

λ_D^{peo} : 가구소득계층이 e이며 가구차량보유 여부가 o인 통행자가 p
목적통행 시 목적지 선택 파라미터

W_j^{pe} : 가구소득 계층이 e인 통행자의 p통행목적과 관련된 j지역
의 가중치(통근통행 접근도 산출 시 소득계층 e가 고려됨)

K^{pe} : 가구소득 계층이 e인 통행자의 p통행목적 상수(W_j^{pe}의 로
그 합)(통근통행 접근도 산출 시 소득계층 e가 고려됨)

4. 접근도 산출모형 구축

산출식에 따르면 접근도는 통행목적 및 소득계층별 각 존 간 통행
효용 값에 기초한다. 또한 통행효용 값 외 목적지 선택 파라미터와
각 지역의 통행목적 관련 토지이용 가중치 값이 접근도를 결정한다.
이에 통행목적 및 소득계층별 각 존 간 통행효용 값과 목적지 선택

파라미터 그리고 각 지역의 통행목적 관련 토지이용 가중치 값을 구하는 과정을 체계적으로 구조화하여 접근도 산출모형을 구축하였다. 접근도 산출모형은 ① 각 존 간 수단별 통행시간 및 비용 산출과정, ② 통행목적 및 소득계층별 각 존 간 통행효용 산출과정, ③ 통행목적 및 소득계층별 효용 기반 접근도 산출과정으로 구성하였으며, 각 단계별 하위모형 간의 관계를 [그림 4-1]과 같이 정립하였다.

첫 번째 단계는 각 존 간 수단별 통행시간 및 비용 산출과정이다. 해당 과정은 교통주제도와 대중교통 노선자료 그리고 가구통행실태조사 자료를 활용하여 각 존 간 통행효용 값에 근거가 되는 승용차와 대중교통의 통행시간과 통행비용 Matrix를 구축한다.

두 번째 단계는 통행목적 및 소득계층별 각 존 간 통행효용 산출과정이다. 해당 과정은 가구통행실태조사 원시자료를 활용하여 통행목적 및 소득계층별 수단선택 파라미터를 산정하고, 앞서 구축한 통행시간 및 통행비용 Matrix와 조합하여 접근도의 기초자료로 활용되는 통행효용 Matrix를 구축하는 데 목적이 있다.

마지막 단계는 이 연구에서 최종적으로 제시하는 통행목적 및 소득계층별 효용 기반 접근도 산출과정이다. 해당 과정은 가구통행실태조사 원시자료를 활용하여 통행목적 및 소득계층별 목적지 선택 파라미터와 사업체 기초 통계조사자료, 경기도 교통정보센터에서 제공하는 수용 가능 학생 수 등을 활용하여 각 지역의 목적통행별 가중치를 산정한다. 이후, 앞서 제시한 접근도 산출식에 근거하여 통행목적 및 소득계층별 지역 접근도를 도출한다.

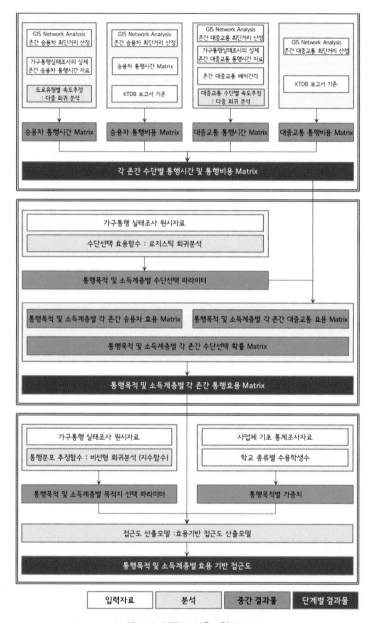

각 존간 수단별 통행시간 및 통행비용 Matrix

| GIS Network Analysis 존간 승용차 최단거리 산정 | GIS Network Analysis 존간 승용차 최단거리 산정 | GIS Network Analysis 존간 대중교통 최단거리 산정 | GIS Network Analysis 존간 대중교통 최단거리 산정 |

가구통행실태조사의 실제 존간 승용차 통행시간 자료

도로유형별 속도추정 : 다중 회귀 분석

승용차 통행시간 Matrix

KTDB 보고서 기준

가구통행실태조사의 실제 존간 대중교통 통행시간 자료

존간 대중교통 배차간격

대중교통 수단별 속도추정 : 다중 회귀 분석

KTDB 보고서 기준

승용차 통행시간 Matrix

승용차 통행비용 Matrix

대중교통 통행시간 Matrix

대중교통 통행비용 Matrix

각 존간 수단별 통행시간 및 통행비용 Matrix

가구통행 실태조사 원시자료

수단선택 효용함수 : 로지스틱 회귀분석

통행목적 및 소득계층별 수단선택 파라미터

통행목적 및 소득계층별 각 존간 승용차 효용 Matrix

통행목적 및 소득계층별 각 존간 대중교통 효용 Matrix

통행목적 및 소득계층별 각 존간 수단선택 확률 Matrix

통행목적 및 소득계층별 각 존간 통행효용 Matrix

가구통행 실태조사 원시자료

통행분포 추정함수 : 비선형 회귀분석 (지수함수)

통행목적 및 소득계층별 목적지 선택 파라미터

사업체 기초 통계조사자료

학교 종류별 수용학생수

통행목적별 가중치

접근도 산출모델 : 효용기반 접근도 산출모델

통행목적 및 소득계층별 효용 기반 접근도

| 입력자료 | 분석 | 중간 결과물 | 단계별 결과물 |

[그림 4-1] 접근도 산출모형 구조도

각 존 간 수단별 통행시간 및 통행비용 산출

각 존 간 통행시간 및 통행비용 Matrix 구축은 수도권의 도로네트워크 자료를 활용하여 승용차 통행시간 및 비용을 산출하는 과정과, 대중교통 노선자료를 활용하여 대중교통 통행시간 및 비용을 산출하는 과정으로 구성된다. 이 절은 시간대별 승용차 통행시간과 비용 Matrix 구축, 시간대별 대중교통 통행시간과 비용 Matrix 구축 그리고 1일 기준 수단별 통행비용 및 시간 Matrix 구축과정으로 구성한다.

1. 시간대별 승용차 통행시간 및 비용 Matrix 구축

1) 승용차 통행시간

각 존 간 승용차 통행시간 및 비용은 오전첨두와 오후첨두, 그리고 비첨두 시간으로 구분하여 산출하였다. KTDB의 'OD 및 네트워크 설명자료' 기준에 근거하여, 오전첨두 시간은 07시에서 09시, 오후첨두 시간은 18시에서 20시, 그 외 시간은 비첨두 시간으로 정의하였다.

존 간 승용차 통행시간과 비용은 존 간 승용차 최단거리에 근거하여 산출하였다. 최단거리 산출 시 활용한 수도권 도로 네트워크는 [그림 4-2]와 같이 고속국도, 연결램프, 도시고속화도로, 일반국도, 특별/광역시도, 국가지원지방도, 지방도, 시군도로 총 8가지로 구성되어 있다. 존 간 승용차 최단거리는 Arc Map 10.1의 network analysis tool을 활용하여 산정하였고, 최단거리 산출 시 hierarchy tool을 활용하여 존 간 통행노선 선택 시 우선순위를 부여하였다. 우선순위는 고속국도,

- 고속국도
- 연결램프
- 도시고속화도로
- 일반국도
- 특별/광역시도
- 국가지원지방도
- 지방도
- 시군도

[그림 4-2] 수도권 도로 네트워크

연결램프, 도시고속화도로가 1순위, 일반국도, 특별/광역시도가 2순위, 국가지원지방도와 지방도는 3순위 그리고 시군도는 4순위로 정의하였다. 존 간 최단거리는 도로의 종류별로 구분하여 산출하였다.

시간대별 존 간 승용차 통행시간을 산출하기 위해서는 존 간 최단거리뿐 아니라 실제 통행자가 시간대별로 존 간 이동에 소요된 시간 데이터가 요구된다. 이를 위해 가구통행실태조사 원시자료를 활용하였다. 앞서 도로 종류별로 구분하여 산출한 존 간 최단거리 Matrix와 가구통행실태조사 원시자료의 시간대별 존 간 실제 통행시간 자료를 활용하여 회귀분석을 통해 시간대별 각 도로 종류의 통행속도를 [표 4-2]와 같이 산정하였다. 이후 도로 종류별로 구분하여 산출한 존 간 최단거리에 시간대별 도로 종류의 속도를 나눈 값을 합하여 각 존 간 승용차 통행시간을 산출하였다.

[표 4-2] 시간대별 각 도로 종류 추정속도 및 설명력

도로 종류	오전(km/h)	오후(km/h)	비첨두(km/h)
고속국도(연결램프)	59.77	58.56	59.89
도시고속화도로	35.27	32.61	38.66
일반국도	42.66	40.02	42.89
특별/광역시도	21.92	19.28	22.24
국가지원지방도	51.42	52.80	51.15
지방도	78.99	81.15	67.68
시군도로	42.29	41.28	41.82
수정된 R^2	.316	.388	.275

2) 승용차 통행비용

존 간 승용차 통행비용은 김수철·김찬성 보고서(2012)에 근거하여 산출하였다.[83] 승용차 통행비용은 유류비, 주차비, 유료도로 통행

료를 포함한다. 유류비는 존 간 통행시간과 거리를 이용하여 존 간 평균 통행속도를 산출 후 [표 4-3]에 근거하여 산출하였다. 주차비용은 도착지의 급지를 구분하여 1시간 주차요금을 적용하였으며, 적용한 주차요금은 [표 4-4]와 같다.

[표 4-3] 수도권 속도별 승용차 운영비용

속도(km/h)	10	20	30	40	50	60
유류비(원/km)	199.51	120.30	102.33	92.42	94.39	98.00
속도(km/h)	70	80	90	100	110	120
유류비(원/km)	103.39	105.96	115.26	124.23	134.42	150.71

(출처: 김수철·김찬성, 2012, 203쪽)

[표 4-4] 수도권 지역별 주차요금

구분(원)		대상지역
서울	3,000	종로구(사직동, 무악동, 교남동, 종로1·2·3·4가동, 종로5·6가동, 이화동, 창신1동, 창신2동, 창신3동, 숭인1동, 숭인2동), 용산구(원효로2동, 효창동, 용문동), 동대문구(청량리동, 용신동, 제기동, 전농2동), 성북구(길음2동, 월곡1동), 강북구(송중동, 송천동), 서대문구(충현동, 북아현동, 신촌동), 마포구(용강동, 도화동, 공덕동, 아현동), 양천구(목1동, 목5동, 신정1동, 신정6동), 영등포구(여의도동, 당산1동, 당산2동, 영등포본동, 영등포동, 문래동), 관악구(신사동), 서초구(서초1동, 서초2동, 서초3동, 서초4동, 잠원동, 반포본동, 반포1동, 반포2동, 반포3동, 반포4동, 방배본동, 방배1동, 방배2동, 방배3동, 방배4동), 강남구(신사동, 논현1동, 논현2동, 삼성1동, 삼성2동, 대치1동, 대치4동, 역삼1동, 역삼2동, 도곡1동, 도곡2동, 압구정동, 청담동, 대치2동), 송파구(방이2동, 잠실3동), 강동구(천호1동, 천호3동, 암사1동)
	1,800	위 지역 이외
인천	1,200	중구, 동구, 남구, 연수구, 남동구, 부평구, 계양구, 서구
	0	강화군, 옹진군
경기	1,000	수원, 성남, 안양, 부천, 안산, 고양, 과천
	800	의정부, 광명, 시흥
	600	구리, 오산, 군포, 의왕, 하남, 용인(동)
	400	평택(동), 남양주(동), 파주(동), 화성(동)
	200	동두천, 이천(동), 안성(동), 김포(동), 광주(동), 양주(동)
	0	포천시, 군지역, 읍면지역

(출처: 김수철·김찬성, 2012, 204쪽)

---

83) 김수철·김찬성, 2012, 앞의 보고서, 194-204쪽.

존 간 유료도로 통행료는 [표 4-5]에 근거하여 산정하였다. 유료도로비용은 1종 폐쇄식 요금을 적용하였으며, km당 주행요금 단가는 1종을 적용하였다. 통행비용 산출 시 통행료가 청구되지 않는 인접지역의 짧은 통행거리 이용의 경우를 제외하기 위하여 고속도로 통행거리 2km 미만의 존 간 통행은 유료도로비용 산정에서 제외하였다.

[표 4-5] 수도권 유료도로비용

구분	폐쇄식	개방식
기본요금	900원(2차로 450원)	720원
요금산정	기본요금+(주행거리×km당 주행요금)	기본요금+(요금소별 최단이용거리×km당 주행요금)
km당 주행요금 단가	1종 41.4원, 2종 42.2원, 3종 43.9원, 4종 58.8월, 5종 69.6원 (2차로는 50% 할인, 6차로 이상은 20% 할증)	

(출처: 김수철·김찬성, 2012, 204쪽)

2. 시간대별 대중교통 통행시간 및 비용 Matrix 구축

1) 대중교통 통행시간

각 존 간 대중교통 통행시간은 승용차와 마찬가지로 동일한 기준 하에 오전첨두와 오후첨두 그리고 비첨두 시간으로 구분하여 산출하였다. 그러나 대중교통 통행시간은 앞서 분석한 승용차 통행시간과는 달리 차내 통행시간과 차외 통행시간의 합으로 구성된다. 차내 통행시간은 승용차 통행시간 산출방식과 유사하다.

차내 통행시간과 비용은 존 간 대중교통 최단거리에 근거하여 산출하였다. 최단거리 산출 시 활용한 대중교통 노선은 [그림 4-3]과 같이 도시철도, 광역버스, 좌석버스, 일반버스, 마을버스로 총 5가지로 구성되어 있고, 존 중심점을 기준으로 도시철도역과 버스정류장은 보행 네트워크를 연결하였다. 존 간 승용차 최단거리는 Arc Map 10.1의 network analysis tool을 활용하여 산정하였고 최단거리 산출 시 hierarchy tool을 활용하여 존 간 통행노선 선택 시 우선순위를 부여하였다. 우선순위는 도시철도, 광역버스, 좌석버스, 일반버스, 마을버스 순으로 정의하였다. 존 간 최단거리 노선길이는 도시철도와

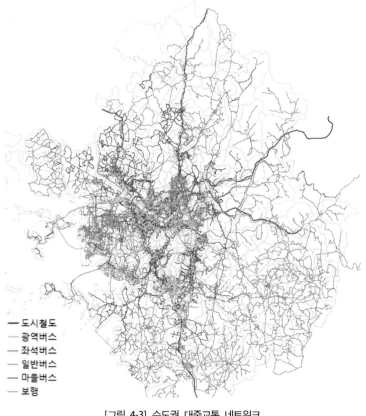

[그림 4-3] 수도권 대중교통 네트워크

버스를 구분하여 산출하였다.

대중교통 종류별 통행속도는 존 간 최단거리 Matrix와 가구통행
실태조사의 원시자료의 시간대별 실제 존 간 통행시간 자료를 활용
하여 회귀분석을 통해 [표 4-6]과 같이 산정하였다. 특히, 가구통행
실태조사 자료에서 승용차의 경우 각 도로 종류별 실제 통행시간을
확인할 수 없지만, 대중교통은 도시철도와 버스를 구분하여 각 수단
별 통행시간을 확인할 수 있기 때문에 대중교통 통행시간의 분석은
승용차 통행시간 분석과는 달리 도시철도와 버스를 구분하여 총 6
회 회귀분석을 수행하였다. 보행의 통행속도는 4km/h로 설정하였다.
각 존 간 대중교통 차내 통행시간은 대중교통 종류별로 구분하여 산
출한 존 간 대중교통 최단거리에 시간대별 도시철도와 버스의 속도
를 나눈 값을 합하여 산출하였다.

[표 4-6] 시간대별 각 대중교통 유형 추정속도 및 설명력

	오전(km/h)	오후(km/h)	비첨두(km/h)
도시철도	39.83	37.76	38.07
수정된 R^2	.271	.362	.284
버스	43.16	41.88	41.08
수정된 R^2	.259	.316	.324
보행	4	4	4

대중교통의 차외 통행시간은 차량의 대기시간으로 인해 발생한다.
수단별 배차간격을 통해 차외 통행시간을 산정하였다. 읍면동 형상
정보와 대중교통 노선의 형상정보를 활용하여 각 읍면동별 통과 대
중교통 노선을 선별한 뒤, 각 노선별 배차간격의 가중평균을 구해

산출하였다. 각 존 간 차외 통행시간 Matrix는 기·종점의 배차간격
평균을 통해 산출하였다.

2) 대중교통 통행비용

존 간 대중교통 통행비용은 김수철·김찬성 보고서(2012)에 근거
하여 산출하였다.[84] 대중교통 통행비용은 존 간 대중교통 최단거리
를 이용하여 산출하였으며, 거리별 요금은 수도권 통합 환승 할인제
의 카드이용 시 요금을 적용하였다. 특히, 동일 시도 간의 광역버스
이용은 없는 것으로 간주하였고, 10km 미만의 광역버스 통행은 광
역버스 이용에서 제외하였다([표 4-7] 참조).

[표 4-7] 수도권 대중교통 요금 체계

구분		대중교통 요금
광역버스 미이용 시	10km 미만	900원
	10km 이상	900+100원/5km(10km 초과거리)
광역버스 이용 시	30km 미만	1,700원
	30km 이상	1,700+100원/5km(10km 초과거리)

(출처: 김수철·김찬성, 2012, 206쪽)

3. 1일 기준 수단별 통행시간 및 비용 Matrix 구축

앞서 승용차와 대중교통으로 구분하여 각 수단별로 존 간 통행시
간과 통행비용 Matrix를 구축하였다. 각 Matrix는 가구통행실태조사

---

84) 김수철·김찬성, 2012, 앞의 보고서, 206쪽.

원시자료에 근거하여 오전과 오후, 비첨두 시간대별로 각각 따로 구축하였다. 이는 각 시간대별로 도로의 정체 혹은 대중교통의 배차간격이 서로 상이하기 때문이다. 그러나 이 연구에서 산출하는 접근도는 특정 시간대만을 대상으로 하지 않기 때문에 이를 1일 평균으로 재산출할 필요가 있다. 1일 존 간 통행시간과 통행비용 Matrix는 시간대와 상관없이 오전, 오후 그리고 비첨두 시간의 Matrix 평균을 통해 산출하였다.

통행목적 및 소득계층별 각 존 간 통행효용 산출

통행목적 및 소득계층별 각 존 간 통행효용 산출은 크게 두 단계로 구성한다. 첫 번째는 로지스틱 회귀분석을 통한 통행목적 및 소득계층별 수단선택 효용함수의 파라미터 산출과정이다. 두 번째는 수단선택 효용함수 파라미터와 4장 2절에서 구축한 각 조건 수단별 통행시간 및 통행비용 Matrix를 조합하여 각 존 간 통행효용 Matrix를 구축하는 과정이다.

1. 통행목적 및 소득계층별 수단선택 파라미터 산정

3절 1항은 앞서 3장에서 정의한 통행목적과 소득계층 기준에 근거하여 가구통행실태조사 원시자료를 분류하고 로지스틱 회귀분석을 통해 수단선택 파라미터를 산출한다. 수단선택 파라미터를 산정하기 위한 회귀분석모형은 선행연구에 기초하여 이분형 로지스틱 회귀분석모형을 활용하였고, 분석을 통해 산출된 파라미터를 활용하여 각 조건별 분석결과를 비교하였다.

1) 수단선택 모형구축

이 연구는 접근도 도출 시 통행효용 값을 활용하는데 이는 각 조건별 수단선택모형의 파라미터에 기초한다. 각 조건별 수단선택모형 파라미터는 가구통행실태조사 원시자료를 활용하여 로지스틱 회귀분석을 통해 산출한다. 기존 수단선택 모형과 관련된 선행연구를 검토하고 로지스틱 회귀분석 형태를 설정하였다.

국내에서 수단선택의 효용함수와 관련된 많은 연구가 진행되었다. 한국교통연구원에서 수행한 2007년 광역권 여객 기·종점 통행량 전수화 연구와 2011년 전국 여객 O/D 전수화 및 장래수요예측연구의 수단선택모형은 일반적으로 이용되는 확률선택 모형 기반 로짓모형을 적용하였다.[85] 반면, 2009년 수도권 교통본부에서 수행한 수도권 장래교통 수요예측 대응방안 연구에서는 가정기반 통근모형과 통학모형의 경우 네스티드 로짓모형으로 구축하였고, 가정기반 기타모형과 비가정기반 모형은 일반 다항 로짓모형으로 구축하였다.[86] 또한 Quarmby는 런던 중심부로 향하는 출근통행의 승용차-버스의 수단분담을 예측하기 위해 승용차와 대중교통의 통행시간 및 비용의 차이 등을 활용하여 이분형 로지스틱을 통해 수단분담율을 예측하였다.[87]

---

85) 국토해양부, 2008, 『2007년 국가교통DB사업; 광역권 여객 기종점통행량 전수화』, 국토해양부, 세종, 305쪽.
   김수철·김찬성, 2012, 앞의 보고서, 206쪽.

86) 김순관 외, 2009, 앞의 보고서, 88쪽.

87) 도철웅, 2006, 『교통공학원론 (하)』, 청문각, 경기 파주, 215쪽.

선행연구를 종합하면 수단선택과 관련된 기존 연구는 일반적으로 효용이론에 근거한 확률선택 모형 기반 로짓모형을 적용하였다. 단, 각 연구에서 정의하는 통행수단과 수단선택 의사결정과정에 따라 이분형 로짓모형에서 네스티드 로짓모형까지 다양한 분석 방법을 수행하였다. 이 연구는 주 통행수단을 승용차와 대중교통 두 가지로 한정하였기 때문에, 이분형 로지스틱을 분석 방법론으로 설정하였다.

이어, 수단선택 분석모형에 활용하는 변수를 설정하기 위하여 선행연구를 검토하였다. 다수 선행연구가 수단선택모형에 활용한 변수는 수단별 통행시간 및 비용, 가구소득, 통행자의 연령, 성별, 나이, 결혼 여부, 최종학력, 직업의 종류, 가족 수, 거주 지역, 가구주의 여부, 자가용 보유대수 등 다양하였다.[88] 이 연구는 기존 선행연구에서 대부분 활용되고 있는 수단별 통행시간과 비용 그리고 차량 보유 여부에 기초하여 수단선택 모형을 구축하였다. 이 연구의 수단선택 모형 함수식은 [수식 4-2]와 같다.

$$V_A^{peo} = \alpha_0^{pe} + \alpha_1^{pe} T_A^{pe} + \alpha_2^{pe} C_A^{pe} + \alpha_4^{pe} o^{pe} \quad \cdots\cdots\cdots\cdots \quad \text{[수식 4-2]}$$
$$V_P^{pe} = \qquad \alpha_1^{pe} T_P^{pe} + \alpha_3^{pe} C_P^{pe}$$

단, V_A^{peo} : 가구소득계층이 e이며 가구차량보유 여부가 o인 통행자가
　　　　p목적통행의 경우 승용차 효용

　　V_P^{pe} : 가구소득계층이 e인 통행자가 p목적통행의 경우 대중교통

---

88) 조남건·윤대식, 2002, 앞의 논문, 140쪽.
　　강수철·남승용·김만배, 2009, 앞의 논문, 297쪽.
　　김경범·황경수, 2010, 앞의 논문, 4,799쪽.
　　김성희 외, 2001, 앞의 논문, 299쪽.
　　김형철, 2005, 앞의 논문, 26쪽.
　　윤대식 외, 2008, 앞의 논문, 127쪽.
　　전명진·백승훈, 2008, 앞의 논문, 14쪽.

효용

T_A^{pe} : 가구소득계층이 e인 통행자가 p목적통행의 경우 소요되는
승용차 통행시간(분 단위)

T_P^{pe} : 가구소득계층이 e인 통행자가 p목적통행의 경우 소요되는
대중교통 통행시간(분 단위)

C_A^{pe} : 가구소득계층이 e인 통행자가 p목적통행의 경우 소요되는
승용차 통행비용(100원 단위)

C_P^{pe} : 가구소득계층이 e인 통행자가 p목적통행의 경우 소요되는
대중교통 통행비용(100원 단위)

o^{pe} : 가구소득계층이 e인 통행자가 p목적통행의 경우 가구차량보
유 여부 관련 더미변수(미보유: 0, 보유: 1)

α_x^{pe} : 가구소득계층이 e이며 가구차량보유 여부가 o인 통행자가 p
목적통행의 경우 통행시간, 비용, 차량보유 여부 관련 수단
선택 효용 파라미터(x=0: 상수)

효용 함수의 파라미터는 [수식 4-3]의 로지스틱 회귀분석 식을 통
해 산정하였다. 분석에 사용된 변수 중 통행시간은 승용차를 기준으
로 대중교통의 시간을 뺀 값을 변수로 설정한 값이다. 이는 통행자
가 승용차 또는 대중교통을 이용하는 데 소비되는 시간을 수단과 관
계없이 동일한 가치로 판단함을 가정한다. 반면, 통행비용 파라미터
는 수단별로 각각 산출한다. 이는 통행자가 승용차 또는 대중교통을
이용 시 소비되는 비용을 수단에 따라 다른 가치로 판단함을 가정한
다. 단, 대학교 통학통행과 고소득계층 가구의 통학 및 쇼핑통행은
대중교통의 통행비용 파라미터가 유의수준 0.05수준에서 유의미하
지 않은 결과를 도출하여 수단별로 통행비용을 구분하지 않았다. 가

구차량보유 여부 변수는 더미변수의 형태로서, 가구 내 차량을 보유하고 있는 경우 1, 없는 경우 0을 대입하여 파라미터 값을 산출하였다.

$$\ln\left(\frac{P_A^{peo}}{P_P^{peo}}\right) = \beta_0^{pe} + \beta_1^{pe}(\triangle T^{pe}) + \beta_2^{pe} C_A^{pe} + \beta_3^{pe} C_P^{pe} + \beta_4^{pe} o^{pe} \quad \cdots \cdots \text{ [수식 4-3]}$$

단, P_A^{peo} : 가구소득계층이 e이며 가구차량보유 여부가 o인 통행자가 p목적통행의
경우 자동차 선택 확률

P_P^{peo} : 가구소득계층이 e이며 가구차량보유 여부가 o인 통행자가 p목적통행의
경우 대중교통 선택 확률

$\triangle T^{pe}$: 가구소득계층이 e인 통행자가 p목적통행의 경우 승용차 통행시간 기
준 대중교통 통행시간 차이

β_x^{pa} : 가구소득계층이 e이며 가구차량보유 여부가 o인 통행자가 p목적통행의
경우 로지스틱 회귀분석 파라미터($\beta_3^{pa} = -\alpha_3^{pa}$ 그 외 $\beta_x^{pa} = \alpha_x^{pa}$)

2) 통행목적 및 소득계층별 수단선택 효용함수 파라미터 산정결과

[수식 4-3]에 기초하여 통행목적 및 소득계층별 조건에 따라 총 여덟 차례의 로지스틱 회귀분석을 수행하였다. 3장 3절에서 저소득층과 중소득층 간의 대학통학통행에 따른 수단선택의 차이가 유의미하지 않았기 때문에, 두 조건은 하나의 경우로 취합하여 분석을 수행하였다. 로지스틱 회귀분석을 통해 도출한 각 조건별 파라미터와 모형의 적합도는 [표 4-8]과 같다. 로지스틱 회귀분석모형의 적합도는 모형적합정보와 Pseudo R^2를 통해 검증한다.

모형적합정보는 독립변수가 추가되지 않은 기저모형과 독립변수가 추가된 분석모형의 값을 비교한 결과이다. χ^2(Chi-Square)검정 결

과를 통해 분석모형이 기저모형에 비해 적합도가 유의미하게 좋아졌는지 확인할 수 있다. Pseudo R^2는 회귀분석모형의 R^2와 유사하여 종속변수에 대한 설명변수의 설명력을 의미하나, 로지스틱 회귀분석모형의 Pseudo R^2는 대체로 작은 값을 갖는다. 이로 인하여 로지스틱 회귀분석모형에서 Pseudo R^2는 모형설정단계에서 중요한 부분을 차지하지 않고 참고 정보로 활용된다.[89] 총 11개의 로지스틱 회귀분석의 χ^2검정 결과 모두 유의수준 .001에서 유의미하였다. 이는 분석모형이 기저모형에 비해 적합도가 유의미하게 좋아짐을 의미한다. Pseudo R^2는 통근통행의 경우 0.15에서 0.37 사이의 값을 보이며, 그 외 목적통행에서는 0.04에서 0.27 사이의 값을 갖는다.

수단선택 효용함수의 분석결과는 통행시간과 통행비용, 차량유무와 관련한 파라미터 값을 통해 확인하였다. 해당 파라미터는 각 조건별로 통행에 소요되는 비용과 시간이 각각 1분, 100원씩 증가할 때 혹은, 가구 내 차량을 보유할 경우 통행자가 받는 효용의 변화량을 의미한다. 기존 연구에서는 일반적으로 통행시간과 비용의 파라미터는 음수(-) 값이다. 이는 통행에 소요되는 비용과 시간이 증가할수록 통행자가 얻는 효용의 값이 줄어듦을 의미한다. 분석결과 해당 파라미터 값은 목적통행별로 다소 차이가 있지만, 모두 음수(-) 값으로서, 기존 선행연구와 일치하는 결과를 도출하였다. 반면, 차량보유 여부와 관련된 파라미터는 양수(+) 값이다. 이는 차량을 보유한 경우 자가용과 관련된 효용 값이 증가함을 의미한다. 분석결과 차량보유 여부 관련 파라미터 값은 모든 조건에서 양수(+) 값으로써, 기존

---

89) 김순귀 외, 2012, 『로지스틱 회귀모형의 이해와 응용』, 한나래아카데미, 서울, 69쪽.

선행연구와 일치하는 결과를 도출하였다.

각 통행목적 및 소득계층별 수단선택과 관련된 통행특성을 파악하기 위해, 다음에서 파라미터를 활용한 조건별 시간비용을 산출하고 이를 비교 분석하였다.

[표 4-8] 수단선택 효용함수 파라미터 및 설명력

구분		변수	β	P-value		Exp(β)
통근 통행 · 저소득	파라 미터	상수항	-2.868	.000	***	.057
		통행시간	-.042	.000	***	.959
		승용차 통행비용	-.018	.000	***	.982
		대중교통 통행비용	-.063	.000	***	1.065
		자가용 보유 여부	2.641	.000	***	14.025
	적합도	χ^2	54638.693	유의확률		.000
		Cox & Snell R^2	.274	Nagelkerke R^2		.365
통근 통행 · 중소득	파라 미터	상수항	-2.329	.000	***	.097
		통행시간	-.046	.000	***	.955
		승용차 통행비용	.020	.000	***	.981
		대중교통 통행비용	-.054	.000	***	1.055
		자가용 보유 여부	2.156	.000	***	8.635
	적합도	χ^2	19764.342	유의확률		.000
		Cox & Snell R^2	.156	Nagelkerke R^2		.209
통근 통행 · 고소득	파라 미터	상수항	-2.122	.000	***	.120
		통행시간	-.047	.000	***	.954
		승용차 통행비용	-.016	.000	***	.984
		대중교통 통행비용	-.040	.000	***	1.040
		자가용 보유 여부	2.115	.000	***	8.293
	적합도	χ^2	6923.022	유의확률		.000
		Cox & Snell R^2	.114	Nagelkerke R^2		.153
대학 통학 · 저소득 중소득	파라 미터	상수항	-5.413	.000	***	.004
		통행시간	-.025	.000	***	.976
		통행비용	-.010	.000	***	.990
		자가용 보유 여부	2.297	.000	***	9.941
	적합도	χ^2	626.444	유의확률		.000
		Cox & Snell R^2	.022	Nagelkerke R^2		.077

[표 4-8 계속] 수단선택 효용함수 파라미터 및 설명력

구분		변수	β	P-value		Exp(β)
대학 통학 · 고소득	파라 미터	상수항	-4.396	.000	***	.012
		통행시간	-.034	.000	***	.967
		통행비용	-.012	.000	***	.988
		자가용 보유 여부	1.450	.000	***	4.265
	적합도	χ^2	94.809	유의확률		.000
		Cox & Snell R^2	.014	Nagelkerke R^2		.040
쇼핑 통행 · 저소득	파라 미터	상수항	-4.240	.000	***	.014
		통행시간	-.018	.000	***	.982
		승용차 통행비용	-.014	.000	***	.986
		대중교통 통행비용	-.111	.000	***	1.117
		자가용 보유 여부	2.661	.000	***	14.317
	적합도	χ^2	2747.649	유의확률		.000
		Cox & Snell R^2	.188	Nagelkerke R^2		.274
쇼핑 통행 · 중소득	파라 미터	상수항	-2.618	.000	***	.073
		통행시간	-.016	.000	***	.984
		승용차 통행비용	-.018	.000	***	.982
		대중교통 통행비용	-.064	.000	***	1.066
		자가용 보유 여부	1.889	.000	***	6.612
	적합도	χ^2	424.329	유의확률		.000
		Cox & Snell R^2	.062	Nagelkerke R^2		.084
쇼핑 통행 · 고소득	파라 미터	상수항	-1.630	.000	***	.196
		통행시간	-.021	.000	***	.979
		통행비용	-.012	.000	***	.988
		자가용 보유 여부	1.981	.000	***	7.253
	적합도	χ^2	198.157	유의확률		.000
		Cox & Snell R^2	.055	Nagelkerke R^2		.074

3) 통행목적 및 소득계층별 시간가치 산정결과

통행의 시간가치는 교통 서비스를 이용하는 사람이 통행할 때, 단
위시간에 대해 느끼는 심리적인 희생감을 금전으로 환산한 것이다.
즉, 통행의 시간가치(VOT: value of time)는 개인이 한 단위의 통행
시간을 단축하기 위하여 기꺼이 지불할 용의(willingness to pay)가

있는 금전적 가치를 의미한다.[90]

통행의 시간가치를 산출하는 방법으로 임금률법과 한계교환율법이 주로 사용된다. 임금률법은 노동의 생산성에 근거하는 방식이다. 한계교환율법은 이용 가능한 두 개 이상의 교통수단에 대해 각 수단의 통행시간과 통행비용 등을 비교하여, 이용자가 실제로 선택한 통행수단에 대한 개별행태를 추정하여 시간가치를 찾는 방법이며, 산출방식은 [수식 4-4]와 같다.[91]

$$시간가치 = \frac{통행시간\ 파라미터}{통행비용\ 파라미터} \qquad [수식\ 4\text{-}4]$$

한국교통연구원의 2011년 전국 여객 O/D 전수화 및 장래수요예측보고서는 한계교환율법에 근거하여 개인교통수단과 대중교통수단의 시간가치를 산출하였다.[92] 이 연구는 동일한 방법론을 사용해 통행목적 및 소득계층별 각 수단의 시간가치를 산출하고 해당 보고서의 시간가치와 비교하여 검증하였다([표 4-9] 참조).

[표 4-9] 통행목적 및 소득계층별 시간가치

단위: 원/시

통행목적	통행수단	저소득	중소득	고소득
통근통행	승용차	14,085	14,091	17,690
	대중교통	4,003	5,157	7,138
대학 이상 통학통행	승용차	15,332		16,541
	대중교통			
쇼핑통행	승용차	7,902	5,319	10,850
	대중교통	992	1,529	

---

90) 조남건, 2001, 「우리나라 지역 간 통행의 시간가치 산출 연구」, 『국토연구』 제31권, 국토연구원, 경기도 안양, 26쪽.

91) Ibid., p.27.

92) 김수철·김찬성, 2012, 앞의 보고서, 288쪽.

통행목적 및 소득계층별 각 수단의 시간가치 산출결과는 총 세 가지로 정리할 수 있다. 첫째, 가구소득이 증가할수록 시간 가치가 증가함을 확인하였다. 둘째, 승용차를 통한 통행의 시간가치가 대중교통을 통한 통행의 시간가치에 비해 더 크다. 셋째, 필수통행으로 판단되는 통근과 통학통행의 시간가치가 비필수통행인 쇼핑통행에 비해 더 큰 값을 갖는다.

2011년 전국 여객 O/D 전수화 및 장래수요예측보고서는 시간가치를 통행목적과 수단별로 구분하고 있다. 가정기반 통근통행의 경우 12,877원(승용차)과 5,997원(대중교통)이며, 통학통행은 초중고교와 대학의 구분 없이 3,679원, 가정기반 기타통행은 10,379원(승용차)과 5,830원(대중교통)으로 각각 산정하였다. 이는 가구소득 또는 통학통행의 종류에 따라 일부 차이가 있지만 대체로 유사한 결과임을 확인하였다.

2. 통행목적 및 소득계층별 각 존 간 통행효용 Matrix 구축

3절 2항은 수단선택 효용함수 파라미터와 4장 2절에서 구축한 수단별 통행시간 및 통행비용 Matrix와 조합하여 접근도의 기초자료로 활용되는 통행효용 Matrix를 구축하였다. 이후 수단별로 분리하여 구축한 존 간 효용 Matrix를 하나의 수단으로 통합하는 과정을 수행하였다.

1) 수단별 존 간 통행효용 Matrix 구축

수단별 존 간 통행효용 Matrix를 구축하기 위해서는 각 존 간 수단별 통행시간 및 통행비용 Matrix와 조건별 파라미터의 조합이 요구된다. 4장 2절에서 구축한 각 존 간 수단별 통행시간 및 비용 Matrix와 이 절에서 산출한 각 조건별 파라미터를 조합하여 승용차와 대중교통의 수단별 존 간 통행효용 Matrix를 구축하였다. 수단별 존 간 통행효용 Matrix는 [수식 4-5]를 활용하여 구하였다.

저소득계층의 가구는 약 30%가량 차량을 보유하지 않기 때문에 차량 보유 가구와 차량 미보유 가구를 구분하여 통행효용 Matrix를 구축하였다. 그러나 중, 고소득 가구는 차량을 보유하지 않은 가구가 10% 미만(각각 9.7%, 5.1%)으로 대부분 가구에서 차량을 보유하고 있기 때문에, 차량을 보유한 가구만을 대상으로 통행효용 Matrix를 구축하였다.

$$V_{Aij}^{peo} = \alpha_0^{pe} + \alpha_1^{pe} T_{Aij} + \alpha_2^{pe} C_{Aij} + \alpha_3^{pe} o \quad \cdots\cdots\cdots\cdots \text{[수식 4-5]}$$
$$V_{P,j}^{pe} = \quad\quad \alpha_1^{pe} T_{P,j} + \alpha_3^{pe} C_{P,j}$$

단, V_{Aij}^{peo} : 가구소득계층이 e이며 가구차량보유 여부가 o인 통행자가 존 i에서 존 j까지 p목적통행을 할 경우 승용차 효용(차량 미보유 가구의 승용차 효용은 저소득계층만을 산출하였고, 차량 보유 가구의 승용차 효용은 저/중/고소득계층 모두 산출함)

$V_{P,j}^{pe}$: 가구소득계층이 e인 통행자가 존 i에서 존 j까지 p목적통행을 할 경우 대중교통 효용

T_{Aij} : 존 i에서 존 j까지 소요되는 자동차 통행시간

T_{Pij} : 존 i에서 존 j까지 소요되는 대중교통 통행시간

C_{Aij} : 존 i에서 존 j까지 소비되는 자동차 통행비용

C_{Pij} : 존 i에서 존 j까지 소비되는 대중교통 통행비용

O : 자동차 보유 여부 더미변수

α_x^{pe} : 가구소득계층이 e인 통행자가 p목적통행의 경우 통행
시간, 비용, 차량보유 여부 관련 수단선택 효용 파라
미터 (x=0: 상수)

2) 수단별 선택확률 및 통합수단 효용 Matrix 구축

전통적인 4단계 교통수요 예측과정(통행발생, 통행분포, 교통수단
선택, 노선배정)을 거쳐 교통수단 선택확률을 예측하는 모형을 통행
교차 교통수단 분담모형이라 칭한다.[93] 이 연구는 이러한 가정을 기
반으로 하고 있다. 이는 통행자가 기점에서 종점을 결정함에 있어
기·종점 간의 수단별 효용 값을 고려하기 이전에 하나의 종합적인
값, 즉 접근도를 기준으로 통행의 종착지를 결정함을 의미한다. 이
러한 가정은 수단별로 따로 분리되어 구축한 존 간 효용 Matrix를
단일 수단으로 통합하는 과정이 요구된다. 단일수단으로 통합하기
위해서는 각 조건별로 해당 교통수단을 선택할 확률을 산정하고 이
를 활용한 가중평균을 통해 도출할 수 있다([수식 4-6] 참조).

---

93) 윤대식, 2001, 『교통수요분석-이론과모형』, 박영사, 서울, 147쪽.

$$P_{Aij}^{peo} = e^{V_{Aij}^{peo}} / [e^{V_{Aij}^{peo}} + e^{V_{Pij}^{pe}}] \qquad \cdots\cdots\cdots\cdots\cdots \text{[수식 4-6]}$$
$$P_{Pij}^{peo} = e^{V_{Pij}^{pe}} / [e^{V_{Aij}^{peo}} + e^{V_{Pij}^{pe}}]$$
$$V_{ij}^{peo} = (V_{Aij}^{peo} * P_{Aij}^{peo}) + (V_{Pij}^{pe} * P_{Tij}^{peo})$$

단, P_{Aij}^{peo} : 가구소득계층이 e이며 가구차량보유 여부가 o인 통행
자가 존 i에서 존 j까지 p목적통행을 할 경우 승용차
선택확률

P_{Pij}^{peo} : 가구소득계층이 e이며 가구차량보유 여부가 o인 통행자
가 존 i에서 존 j까지 p목적통행을 할 경우 대중교통 선
택확률

V_{ij}^{peo} : 가구소득계층이 e이며 가구차량보유 여부가 o인 통행자
가 존 i에서 존 j까지 p목적통행을 할 경우 효용

통행목적 및 소득계층별
지역 접근도 산출

통행목적 및 소득계층별 지역 접근도 산출은 크게 세 단계로 구성한다. 첫 번째는 통행목적 및 소득계층별 목적지 선택 파라미터를 산출한다. 두 번째는 지역별 사업체 기초 통계자료와 수용가능 학생 수 자료를 활용하여 통행목적별 가중치를 산정한다. 마지막으로는 접근도 산출식에 근거하여 통행목적 및 소득계층별 지역 접근도를 산출한다.

1. 통행목적 및 소득계층별 목적지 선택 파라미터 산출

1) 통행목적 및 소득계층별 목적지 선택 파라미터 산출과정

기존 선행연구에서는 일반적으로 통행시간(비용) 또는 일반화 비용을 기준으로 통행분포를 추정한다. 이 경우 종점이 기점에서부터 멀어질수록 통행시간(비용) 또는 일반화 비용이 증가하고 목적지 선택 확률은 감소한다. 반면, 이 연구에서 제시하는 활동 기반 접근도는 각 조건별 수단선택 모형 파라미터에 기초하여 산출된 통행 효용 값을 기준으로 통행분포를 추정한다. 효용 값은 기·종점 간에 통행 시간 또는 비용이 증가할수록 감소하며, 효용이 높을수록 목적지 선택확률은 동시에 높아진다. 이러한 현상을 반영하기 위해 지수함수에 근거한 비선형 회귀분석을 통해 효용에 따른 통행분포를 추정하였다.

분석은 가구통행실태조사 원시자료 통행 자료를 활용하였다. 해당 자료를 통행목적 및 소득계층별로 구분하고, 각 통행별 통행 기점과 종점자료를 기초로 하여 통행 효용 값을 대입하였다. 이후, 각 조건별 효용 값에 따른 통행발생량을 누적하여 효용 값이 통행분포에 미치는 영향을 분석하였다. 분석모형은 [수식 4-7]과 같으며, 통행목적 및 소득계층별 모형의 적합도와 산출된 파라미터는 [표 4-10]과 같다. 모형의 적합도는 R^2를 통해 확인할 수 있다.

[표 4-10] 목적지 선택 파라미터 및 유의확률

통행목적	조건	모형요약			추정값	
		R^2	F	유의확률	상수항	파라미터
통근통행	저소득(차X)	.782	2353.825	.000	567.863	.798
	저소득(차O)	.819	3258.145	.000	1498.092	.912
	중소득(차O)	.779	2755.213	.000	995.192	.801
	고소득(차O)	.779	2366.217	.000	528.249	.825
대학 이상 통학통행	저소득(차X)	.692	787.813	.000	59.545	.951
	저소득(차O)	.793	1640.639	.000	145.989	1.010
	중소득(차O)	.710	949.069	.000	140.471	1.059
	고소득(차O)	.714	1039.849	.000	71.653	.801
쇼핑통행	저소득(차X)	.463	225.681	.000	88.571	1.009
	저소득(차O)	.548	332.589	.000	215.348	1.182
	중소득(차O)	.583	306.455	.000	140.763	1.538
	고소득(차O)	.619	289.221	.000	32.892	1.711

(주: 차X—차량 미보유 가구; 차O—차량 보유 가구)

$$Q^{peo} = \alpha^{peo} \cdot \exp\left(\beta^{peo} V^{peo}\right) \quad \cdots\cdots\cdots\cdots\cdots\cdots\cdots\cdots \text{[수식 4-7]}$$

단, Q^{peo} : 가구소득계층이 e이며 가구차량보유 여부가 o인 통행
　　　　　자가 p목적통행 시, 기·종점 간의 효용 값이 V^{peo}
　　　　　인 경우 발생되는 통행 누적량

　　　V^{peo} : 가구소득계층이 e이며 가구차량보유 여부가 o인 경
　　　　　우, p목적통행의 통행 효용 값

　　　α^{peo} : 가구소득계층이 e이며 가구차량보유 여부가 o인 경우
　　　　　p목적통행 관련 통행분포함수 상수항

　　　β^{peo} : 가구소득계층이 e이며 가구차량보유 여부가 o인 경우
　　　　　p목적통행 관련 통행분포함수 파라미터

　통행분포 추정함수의 형태는 비선형 회귀분석에서 도출된 상수항과 파라미터에 의해 결정된다. 이 중 상수항은 각 조건별 통행량에 의해 산출되며, 파라미터는 효용에 따른 통행분포의 패턴에 의해 결정된다. 즉, 각 목적통행별 통행분포함수의 형태는 파라미터 값에 의해 추정할 수 있다. 파라미터 값은 통행목적 및 소득계층별 통행을 수행할 때, 종착지의 효용이 목적지 선택에 미치는 영향을 의미한다. 파라미터 값이 크면 기·종점 간의 효용 값이 작아질수록 목적지로 선택할 가능성이 크게 감소함을 의미한다. 반면, 파라미터 값이 작으면 기·종점 간의 효용 값이 동일하게 작아진다 하더라도 목적지로 선택할 가능성이 비교적 적게 감소함을 의미한다. 이 연구는 효용에 따른 통행분포의 함수형태를 산출하기 위해서 파라미터를 기준으로 통행목적 및 소득계층별 따른 목적지 선택함수 추세선을 [그림 4-4, 4-5, 4-6]과 같이 도면화하였다.

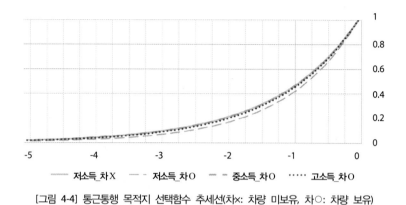

[그림 4-4] 통근통행 목적지 선택함수 추세선(차x: 차량 미보유, 차O: 차량 보유)

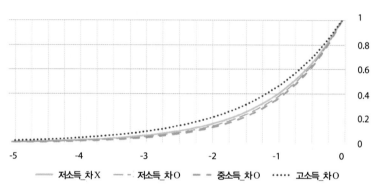

[그림 4-5] 대학 이상 통학통행 목적지 선택함수 추세선(차x: 차량 미보유, 차O: 차량 보유)

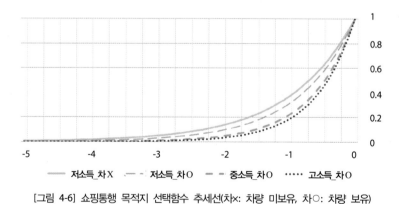

[그림 4-6] 쇼핑통행 목적지 선택함수 추세선(차x: 차량 미보유, 차O: 차량 보유)

지수함수에 근거한 비선형 회귀분석을 통해 도출된 파라미터를 활용하여 각 조건별 통행분포를 비교하는 데에는 한계가 존재한다. 왜냐하면 각 조건별 통행시간과 비용이 통행효용에 미치는 영향이 서로 상이하기 때문이다. 따라서 비선형 회귀분석을 통해 산출된 파라미터의 크고 작음을 가지고 통행시간과 비용의 결과로 해석하는 데에는 다소 무리가 있다. 이에 다음에서 통행목적별로 통행시간 및 비용의 차이가 통행량에 미치는 영향을 구체적으로 분석하였다.

2) 통행시간 및 비용의 차이가 통행목적 및 소득계층별 통행량 변화에 미치는 영향분석

4장 3절에서 도출한 통행목적 및 소득계층별 수단선택 효용함수와 4장 4절에서 도출한 통행목적 및 소득계층별 통행분포 추정함수를 조합하여 각 조건별로 통행시간 및 비용의 차이가 통행량 변화에 미치는 영향을 분석하였다. 이를 분석하기 위해 라이프니츠의 합성함수 미분법을 활용하였다. 즉, 수단선택 효용함수와 통행분포 추정함수를 각각 미분하고 이를 곱하여 통행시간 및 비용의 차이가 통행량에 미치는 영향을 구하였다([수식 4-8] 참조).

$$\frac{dQ^{peo}}{dT^{peo}} = \beta_1^{peo} \cdot \exp(\beta_1^{peo} \cdot V) \cdot \beta_2^{pe} \qquad \cdots\cdots\cdots\cdots\cdots\cdots \text{[수식 4-8]}$$

$$\frac{dQ^{peo}}{dC^{peo}} = \beta_1^{peo} \cdot \exp(\beta_1^{peo} \cdot V) \cdot \beta_3^{pe}$$

단, $\dfrac{dQ^{peo}}{dT^{peo}}$: 효용 V조건하에 가구소득계층이 e이며 가구차량

보유 여부가 o인 통행자가 p목적통행 시 통행시

간 변화에 따른 통행량 변화량

$\dfrac{dQ^{peo}}{dC^{peo}}$: 효용 V조건하에 가구소득계층이 e이며 가구차량보

　　　　유 여부가 o인 통행자가 p목적통행 시 통행비용

　　　　변화에 따른 통행량 변화량

V : 통행효용 조건

β_1^{peo} : 가구소득계층이 e이며 가구차량보유 여부가 o인 통행

　　　자가 p목적통행 시 통행분포(목적지 선택) 추정함수

　　　의 파라미터

β_2^{pe} : 가구소득계층이 e인 통행자가 p목적통행 시 수단선택

　　　효용함수에서의 통행시간 관련 파라미터

β_3^{pe} : 가구소득계층이 e인 통행자가 p목적통행 시 수단선택

　　　효용함수에서의 통행비용 관련 파라미터

　통행분포 추정함수는 지수함수에 근거한 비선형 함수식이기 때문에, 미분 시 미지수로 적용된 통행효용변수가 수식에 남게 된다. 따라서 합성함수 미분법을 통해 도출한 통행시간 또는 비용 차이에 따른 통행량 변화량은 통행효용 값에 따라 변화한다. 즉, 통행효용 값이 통행량 변화량의 조건으로 존재한다. 이 연구는 각 통행효용 조건별 통행시간과 비용의 차이가 통행량 변화에 미치는 영향력을 [그림 4-7, 4-8]과 같이 추세선을 통해 도면화하고 이를 분석하였다.

　도면의 X축은 통행효용 조건을 의미하며, Y축은 각 효용 조건별 통행시간 또는 비용의 차이에 따른 통행량 변화량을 뜻한다. 즉, Y축 값이 클수록 통행시간 또는 비용의 차이에 따라 통행량 변화가 크게 나타남을 의미한다. 또한 기울기는 통행효용 조건에 따른 통행

량 변화량의 차이를 의미한다. 따라서 기울기가 큰 경우 통행효용조건이 변화함에 따라 통행시간 또는 비용의 차이가 통행량 변화에 미치는 영향력이 크게 변화함을 의미한다. 분석결과는 통행목적별로 구분하여 정리하였다.

첫째, 통근통행 분석결과이다. 통근통행의 경우 타 목적통행에 비해 통행시간 차이에 따른 통행량 변화가 가장 크게 나타난다. 이는 통근통행은 타 목적에 비해 기·종점 간 통행에 소요되는 시간의 차이에 따라 통행량이 민감하게 반응함을 의미한다. 결과적으로 통근통행은 시간을 절약할 수 있는 수단 및 목적지 선택이 이루어짐을 알 수 있다. 만일, 직장의 위치가 고정되어 있는 경우에는 통근시간이 절약되는 지역으로 주거의 입지를 선택함을 간접적으로 시사한다. 가구소득별 통행량 변화량은 서로 상이하다. 고소득계층의 통근통행을 타 소득계층과 비교하였을 때, 통행시간에 가장 민감하고 통행비용에 가장 둔감한 형태를 보였다. 반면, 저소득계층은 통행시간에 가장 둔감하고 통행비용에 가장 민감한 결과를 나타내었다. 이는 앞서 살펴본 소득계층별 시간가치 분석결과와 일치하는 내용이다.

둘째, 대학 이상 통학통행의 분석결과이다. 대학 이상 통학통행은 타 목적통행과 비교하였을 때, 통행비용 차이에 따른 통행량 변화가 가장 작게 도출되었다. 즉, 대학 이상 통학통행 시 목적지를 선택함에 있어서 통행에 소비되는 통행비용은 큰 영향을 미치지 못하는 것으로 알 수 있다. 그러나 대학 이상 통학통행은 통행의 특성상 목적지가 정해져 있는 경우가 대다수다. 이는 주거입지를 선택함에 있어서 대학 이상의 통학통행 시 발생되는 통행비용은 큰 영향을 미치지 않은 것으로 알 수 있다. 그에 비해 통행시간 차이가 통학통행량 차이에 미치는 영향은 통근통행에 비해 작지만, 쇼핑통행에 비해서는 크게 나타났다. 가구소득계층 간 통행량 차이는 고소득계층에서 확인된다. 고소득계층의 통학통행량은 타 소득계층에 비해 통행시간에 민감한 반면, 그 외 소득계층은 유사한 형태를 보인다.

셋째, 쇼핑통행의 분석결과이다. 쇼핑통행의 경우 타 목적통행에 비해 통행시간과 통행비용이 통행량 변화에 미치는 영향이 소득에 따라 큰 차이를 보인다. 저소득계층의 경우 통행시간 차이에 따른 통행량 변화가 전체 목적 통행 중 가작 작게 나타나고, 통행비용에 따른 통행량 변화는 가장 크다. 반면, 고소득계층의 경우 통행시간이 통행량 변화에 미치는 영향은 대학교 통학통행과 유사하고, 통행비용 차이에 따른 통행량 변화는 가장 작다. 즉, 소득의 차이에 따라 쇼핑통행의 행태는 크게 차이가 있다. 이러한 소득계층별 통행특성의 차이는 쇼핑통행이 타 목적통행과 달리 비일상통행이기 때문이다. 즉, 통근통행과 통학통행은 일상생활을 영위하며 필수적으로 발생되는 통행이기 때문에 소득계층별 큰 차이가 없는 반면, 쇼핑통행은 비필수적인 통행이기 때문에 소득에 따라 통행특성이 분명한 차이가 있다.

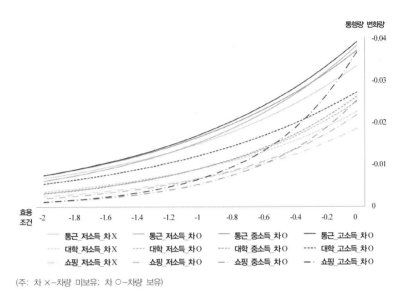

(주: 차 X−차량 미보유; 차 O−차량 보유)

[그림 4-7] 효용 조건별 통행시간 변화에 따른 통행량 변화량

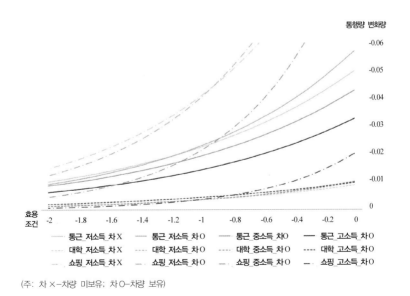

(주: 차 X−차량 미보유; 차 O−차량 보유)

[그림 4-8] 효용 조건별 통행비용 변화에 따른 통행량 변화량

2. 통행목적별 가중치 산정

1) 통행목적별 가중치 산정기준 정립

각 지역별 토지이용 형태는 서로 상이하다. 서로 다른 토지이용의 조건은 각기 다른 목적통행을 발생 또는 유인한다. 이와 같이 토지이용은 통행의 수요와 공급을 결정하는 중요한 요인으로서, 각 지역별 목적통행의 발생 및 유인량을 산출하는 데 있어서 필수적인 요소이다. 이 연구는 기점을 중심으로 각 종점의 토지이용 특성을 가중치로 반영하여 통행목적 및 소득계층별 지역 접근도를 산출한다.

가중치로 활용된 토지이용데이터는 [표 4-11]과 같이 지역의 업종별 일자리 수와 학교 종류별 수용학생 수 자료로 구성된다. 통근통행은 가구통행실태조사 원시자료를 활용하여 소득계층별 가구원의 직종비율을 산출하고 이를 근거로 가중치를 구하였다. 대학 이상 통학통행은 지역별 대학교의 수용가능 학생 수 자료를 통해 가중치를 산정하였고, 쇼핑통행은 지역별 도·소매업 일자리 수로 가중치를 산정하였다.

[표 4-11] 통행목적별 가중치 산정기준

통행목적	가중치 요인	통행목적	가중치 요인
통근통행	저소득계층 직종비율에 근거한 일자리 수	대학 이상 통학통행	대학교 수용가능 학생 수
	중소득계층 직종비율에 근거한 일자리 수	쇼핑통행	도·소매 일자리 수
	고소득계층 직종비율에 근거한 일자리 수		

2) 소득계층별 직업종류 비율 산출

소득계층별 직업종류의 비율은 가구통행실태조사 원시자료에 기초한다. 해당 자료는 가구원의 직업의 종류를 9가지로 구분하며, 이 중 학생과 주부/무직을 제외한 총 7가지 직업종류(전문직, 서비스업, 판매직, 사무직, 농림어업, 기능노무, 기타)를 분석대상으로 삼았다. 소득계층별 직업종류 비율을 산정한 결과는 [표 4-12]와 같다.

저소득 가구의 가구원은 타 소득계층 가구에 비해 상대적으로 서비스업, 판매직, 농림어업, 기능노무 직종에 종사하는 비율이 높았다. 고소득 가구의 가구원은 전문직, 사무직에 종사하는 비율이 높다. 이 연구는 소득계층별 직업종류 비율기준을 근거로 통근통행의 가중치를 산출하였다.

[표 4-12] 소득별 직업종류 비율

소득별 직업구분	직업종류 비율		
	저소득	중소득	고소득
전문직	.091	.138	.201
서비스업	.166	.140	.107
판매직	.144	.128	.112
사무직	.185	.356	.401
농림어업	.044	.013	.012
기능노무	.183	.100	.052
기타	.189	.124	.115
합계	1.000	1.000	1.000

3) 지역의 통행목적별 가중치 산출

통근통행과 쇼핑통행의 가중치로 사용한 업종별 일자리 수는 2010년 사업체 기초통계자료의 행정동 데이터를 활용하였다. 사업

체 기초통계자료는 총 19가지 업종으로 산업을 구분하며, 이는 가구
통행실태 조사 자료의 기준과 차이가 있다. 이에 인구총조사 2% 샘
플 자료에 근거하여 직업의 종류를 재분류하였다.

인구총조사 2% 샘플 자료는 가구원의 직업유형을 '산업대분류'와
'직업대분류' 두 가지로 제시한다. '산업대분류'는 사업체 기초통계
자료와 동일한 산업분류기준에 근거하며, '직업대분류'는 가구통행
실태조사 자료의 직업종류 기준과 유사하다. 이 연구는 인구총조사
2% 샘플의 산업대분류와 직업대분류의 대조표를 [표 4-13]과 같이
작성하고 이를 기준으로 사업체 기초통계자료의 업종별 일자리 수
를 직업대분류 기준에 따라 재산정하였다. 직업대분류기준에 따른
지역별 일자리 수는 [표 4-14]와 같이 가구통행실태조사자료의 직업
구분 기준으로 종합하였다.

이후, 앞서 산정한 소득계층별 직업종류 비율에 근거하여 가구소득
계층별 지역의 일자리 수를 [그림 4-9]와 같이 산출하였다. 대학 이상
통학통행은 학교 종류별 수용 학생 수를 활용하여 가중치를 산정하였
다. 학교 종류별 수용 학생 수는 경기도 교통정보센터에서 제공하는
수도권 읍면동 단위의 학교종류별 수용학생 수 자료를 이용하여 [그
림 4-10]과 같이 구하였다. 쇼핑통행 접근도 가중치로 정의한 도·소
매업 일자리 수는 사업체 기초 통계자료의 도매 및 소매업 일자리 수
를 활용하였고, 지역별 가중치 산정결과는 [그림 4-11]과 같다.

이 연구는 가중치와 관련된 도면의 색인화 분류하는 방법으로 자
연적 구분법(natural breaks)을 사용하였다. 등간격 방법은 한 클래스
에 값들이 몰릴 수 있는 단점이 있고, 분위 수(quantile)의 경우에는
각 클래스에 같은 개수의 데이터를 할당함으로써 등간격 방법에서

생기는 문제점을 극복할 수 있지만 클래스 간의 오인 발생 가능성이 높다.[94] 자연적 구분법은 같은 등급 내의 동질성을 유지하고, 다른 등급 간의 이질성을 최대화하여 그룹화하는 방식이다. 자연적 구분법은 원하는 등급의 수에 따라 최적의 등급 경계를 설정할 수 있어, 등급 간 지수의 변화량이 큰 경우에 적합하다.[95]

지역의 통행목적별 가중치 산출결과를 통행목적에 따라 분류하여 살펴보았다. 고소득 통근통행 가중치는 서울 3핵(도심, 강남, 여의도)과, 인천 송도 그리고 경기도 안산 등지에서 높게 도출되었다. 반면, 저소득 통근통행 가중치는 인천과 경기도 외곽지역에서도 비교적 높게 도출되었다. 대학교 통학 가중치는 수도권 내 대학교가 위치한 일부 읍면동에서만 가중치 값이 도출되었다. 특히, 서울 성북구와 동대문구를 중심으로 집중적으로 높은 값을 보였다. 쇼핑통행 가중치는 통근통행 가중치와 유사한 형태로 서울 3핵에서 높게 도출되고, 그 외 인천과 경기도는 신도시가 입지한 지역을 중심으로 높은 값을 보였다.

---

94) 이슬지·이지영, 2011, 「GIS 기반 중첩기법을 이용한 소방서비스 취약지역 분석」, 『한국측량학회지』 제29장 제1호, 한국측량학회, 서울, 97쪽.

95) 조형진·김경배, 2015, 「기후변화로 인한 홍수위험의 사회적 취약성 평가 연구: 인천시를 사례로」, 『기후연구』 제10장 제4호, 건국대학교 기후연구소, 서울, 347-348쪽(재인용).

[표 4-13] 산업대분류와 직업대분류의 대조표

산업대분류 / 직업대분류 대조	관리자	전문가 및 관련 종사자	사무 종사자	서비스 종사자	판매 종사자	농림어업 숙련 종사자	기능원 및 관련 기능 종사자	장치기계 조작 및 조립 종사자	단순 노무 종사자	기타
농업, 임업 및 어업	0.02%	0.20%	0.32%	0.02%	0.14%	95.19%	0.07%	0.18%	3.85%	0.00%
광업	3.85%	4.66%	13.36%	1.42%	1.62%	0.61%	42.11%	28.95%	3.44%	0.00%
제조업	2.54%	9.58%	18.84%	0.55%	3.48%	0.12%	19.40%	39.41%	6.07%	0.00%
전기, 가스 증기 및 수도사업	3.17%	20.87%	29.66%	1.17%	0.72%	0.00%	14.47%	22.37%	7.57%	0.00%
하수 폐기물처리, 원료재생 및 환경복원업	2.84%	8.59%	20.83%	0.58%	2.48%	0.22%	3.28%	39.33%	21.85%	0.00%
건설업	3.86%	12.21%	13.68%	0.23%	1.59%	0.52%	42.38%	9.77%	15.74%	0.00%
도매 및 소매업	1.62%	6.98%	14.68%	0.88%	61.22%	0.07%	2.96%	2.58%	9.00%	0.00%
운수업	1.15%	2.75%	16.32%	1.97%	2.02%	0.03%	3.15%	59.17%	13.45%	0.00%
숙박 및 음식점업	0.54%	0.86%	2.42%	69.22%	10.68%	0.08%	1.36%	0.50%	14.34%	0.00%
출판, 영상 방송통신 및 정보서비스업	6.20%	52.47%	24.47%	0.59%	4.85%	0.01%	5.27%	1.48%	4.66%	0.00%
금융 및 보험업	7.66%	7.50%	51.09%	1.04%	30.17%	0.06%	0.20%	0.49%	1.79%	0.00%
부동산업 및 임대업	3.52%	36.64%	21.59%	0.82%	5.81%	0.13%	2.95%	5.90%	22.63%	0.00%
전문, 과학 및 기술서비스업	9.81%	55.68%	25.26%	1.37%	1.84%	0.12%	2.26%	2.37%	1.30%	0.00%
사업시설관리 및 사업지원 서비스업	1.30%	5.66%	16.90%	8.17%	4.99%	1.84%	4.22%	3.33%	53.58%	0.00%
공공행정, 국방 및 사회보장 행정	1.27%	10.43%	40.97%	14.91%	0.14%	0.53%	1.05%	1.49%	19.38%	9.85%
교육서비스업	3.32%	74.31%	11.51%	4.84%	0.26%	0.06%	0.41%	1.75%	3.45%	0.10%
보건업 및 사회복지서비스업	5.93%	61.47%	9.25%	15.66%	0.31%	0.03%	0.47%	1.21%	5.67%	0.02%
예술, 스포츠 및 여가 관련 서비스업	1.41%	27.30%	13.82%	40.95%	6.39%	2.84%	1.19%	0.97%	5.12%	0.00%
협회 및 단체, 수리 및 기타 개인서비스업	0.82%	14.66%	8.93%	29.28%	2.27%	0.05%	24.46%	7.85%	11.68%	0.00%

[표 4-14] 직업대분류 기준과 가구통행실태조사 직업 분류기준

구분	직업대분류 기준	가구통행실태조사 직업기준
직업 종류	전문가 및 관련 종사자	전문직
	관리자	사무직
	사무 종사자	
	서비스 종사자	서비스업
	판매 종사자	판매직
	농림어업 숙련 종사자	농림어업
	기능원 및 관련 기능 종사자	기능노무
	장치기계 조작 및 조립 종사자	
	단순노무 종사자	
	기타	기타

[그림 4-9] 가구소득계층 비율에 근거한 지역별 일자리 수

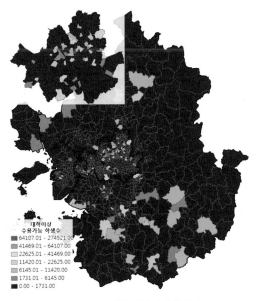

[그림 4-10] 대학 이상 수용학생 수

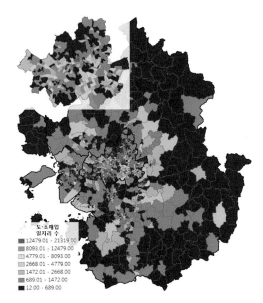

[그림 4-11] 도소매업 일자리 수

3. 통행목적 및 소득계층별 지역 접근도 산출 식

통행목적 및 소득계층별 지역 접근도는 4장 1절에서 구축한 접근도 산출식에 근거하여 구한다. 접근도는 4장 3절에서 구축한 통행목적 및 소득계층별 각 존 간 통행효용 Matrix와 이 절에서 구축한 통행목적 및 소득계층별 목적지 선택 파라미터, 그리고 지역의 통행목적별 가중치를 조합해 산출한다([수식 4-9] 참조).

$$A_i^{peo} = \frac{1}{\lambda_D^{peo}}[\ln\{\sum_j W_j^{pe}\exp(\lambda_D^{peo}V_{ij}^{peo})\} - K^{pe}] \quad \cdots\cdots \text{[수식 4-9]}$$

단, A_i^{peo} : 존 i에서 가구소득계층이 e(저소득, 중소득, 고소득)이며 가구차량보유 여부가 o(미보유, 보유)인 통행자가 p목적통행 (통근, 대학 이상 통학, 쇼핑)과 관련된 접근도(차량 미보유 가구의 접근도는 저소득계층만을 산출하였고, 차량 보유 가구의 접근도는 저/중/고소득계층 모두 산출함)

V_{ij}^{peo} : 가구소득계층이 e이며 가구차량보유 여부가 o인 통행자가 존 i에서 존 j까지 p목적통행 시 통행효용 값(차량 미보유 가구의 통행효용은 저소득계층만을 산출하였고, 차량 보유 가구의 통행효용은 저/중/고소득계층 모두 산출함)

λ_D^{peo} : 가구소득계층이 e이며 가구차량보유 여부가 o인 통행자가 p목적통행 시 목적지 선택 파라미터

W_j^{pe} : 가구소득 계층이 e인 통행자의 p통행목적과 관련된 j지역의 가중치(통근통행 접근도 산출 시 소득계층 e가 고려됨)

K^{pe} : 가구소득 계층이 e인 통행자의 p통행목적 상수(W_j^{pe}의 로그 합)(통근통행 접근도 산출 시 소득계층 e가 고려됨)

제5장

접근도 산출 및

결과분석

통행목적 및 소득계층별 접근도
산출결과 비교

4장에서 제시한 접근도 식에 근거하여 통행목적 및 소득계층별 지역 접근도를 산출하였다. 지역 접근도는 효용 값에 기초하기 때문에 음수(-) 값을 갖는다. 이 경우 지역 간 접근도 차이를 직관적으로 판단하기 어렵기 때문에 최솟값을 0, 최댓값을 100으로 하는 스케일 조정과정(re-scaled)을 수행하였다. 지역 접근도 도면의 색인화 분류 방식은 같은 등급 내의 동질성을 유지하고, 다른 등급 간 이질성을 최대화하여 그룹화하는 자연적 구분법을 사용하였다.

이 절은 통행목적 및 소득계층별 접근도 산출결과 비교하고, 이를 통해 통행목적과 가구소득에 따른 지역 접근도 차이를 분석하였다. 통행목적은 통근통행, 대학 이상 통학통행, 쇼핑통행을 대상으로 하였고, 타 소득 간 접근도 비교를 위해 차량이 없는 저소득 가구의 접근도는 분석에서 제외하였다.

분석결과는 각 통행목적별로 구분하여 살펴보았다. 첫째, 통근통행 접근도 분석결과이다. 통근통행 접근도는 일자리가 밀집해 있는 서울 3핵을 중심으로 높게 도출된다. 서울 외 인천/경기 지역에서는 서울과 인접한 광명시와 부천시 그리고 과천시와 안양시 일대에서 높게 도출되었다. 그 외 판교와 분당, 인천과 수원 일대에서도 비교적 접근도가 높다. 소득계층별로 통근 접근도를 비교하면, 가구소득이 저소득에서 고소득으로 높아질수록 인천과 경기도 일대의 접근도가 낮아진다. 이러한 결과는 앞서 분석한 소득계층별 통근통행 특성에 기인한다. 즉, 고소득 가구의 통행패턴은 저소득 가구에 비해 통행시간에 민감하다. 이는 통근시간을 단축시킬 수 있는 지역의 입지를 선호함을 의미한다. 또한 가구소득계층 비율에 근거한 지역별 일자리 수에 따르면 고소득의 일자리의 경우 저소득에 비해 서울에 집중해 있다. 이러한 이유로 인해 고소득과 저소득 간의 통근통행의 지역 접근도 차이가 발생한다([그림 5-1], [그림 5-2] 참조).

둘째, 대학교 통학통행 접근도 분석결과이다. 대학교 통학 접근도는 서울 성북구와 동대문구 일대를 중심으로 높게 도출된다. 그 외 지역에서는 성북구와 동대문구 일대에서 멀어질수록 접근도가 점차 감소한다. 이는 대학교가 서울 성북구와 동대문구 일대를 중심으로 밀집해 있기 때문이다. 대학교 통학통행은 가구소득에 따라 큰 차이가 없다. 이는 소득계층별로 대학통학의 통행패턴이 유사하기 때문이다. ([그림 5-3], [그림 5-4] 참조)..

셋째, 쇼핑통행 접근도 분석결과이다. 쇼핑통행 접근도는 도·소매업이 밀집한 서울 3핵을 중심으로 높게 도출된다. 인천/경기 지역은 여의도와 강남지역과의 연결성이 좋은 광명시, 과천시 그리고 성남시 일대에서 높게 도출된다. 소득계층별로 쇼핑 접근도를 비교하면, 통근통행의 분석결과와 반대로 가구소득이 저소득에서 고소득으로 높아질수록 인천과 경기도 일대의 접근도가 높아진다. 이러한 결과는 앞서 분석한 소득계층별 쇼핑통행 특성에 기인한다. 쇼핑통행의 경우 소득계층별로 통행패턴이 큰 차이가 있다. 고소득계층은 타 소득계층에 비해 자가용 이용 비율이 높았고, 통행비용은 통행량 변화에 큰 영향을 미치지 않는다. 반면, 저소득계층의 경우 쇼핑통행 시 소요되는 비용에 의해 통행량이 크게 변화한다. 이러한 이유에 근거하여 고소득과 저소득 간의 쇼핑통행에 관한 지역적 접근도 차이가 발생한다 ([그림 5-5], [그림 5-6] 참조).

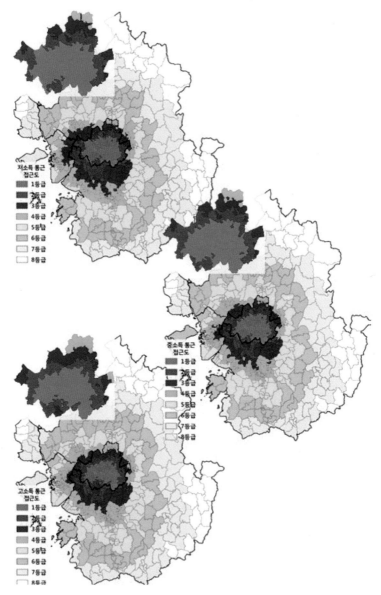

[그림 5-1] 가구소득 계층별 지역의 통근 접근도

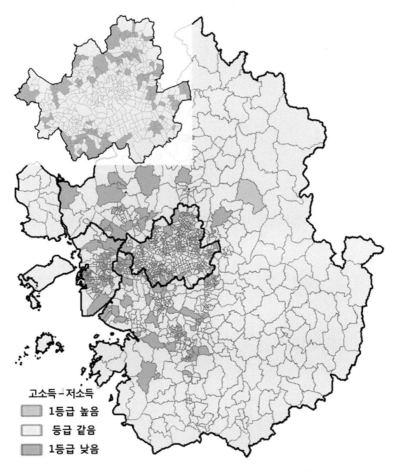

고소득 – 저소득
1등급 높음
등급 같음
1등급 낮음

[그림 5-2] 고소득과 저소득 간 지역의 통근 접근도 차이

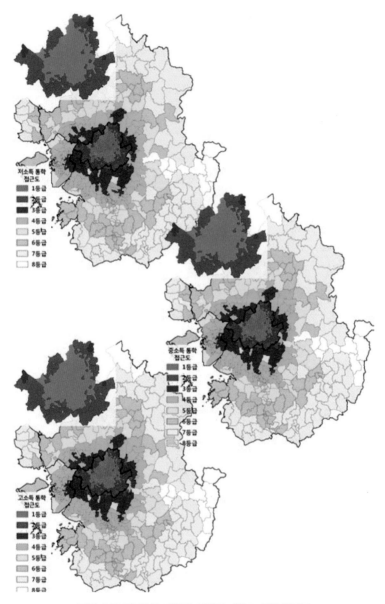

[그림 5-3] 가구소득 계층별 지역의 대학교 통학 접근도

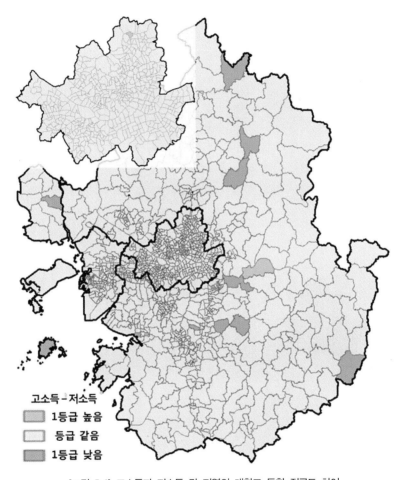

고소득 − 저소득

1등급 높음

등급 같음

1등급 낮음

[그림 5-4] 고소득과 저소득 간 지역의 대학교 통학 접근도 차이

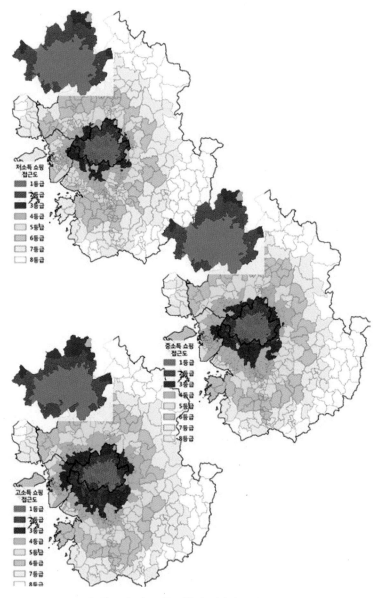

[그림 5-5] 가구소득 계층별 지역의 쇼핑 접근도

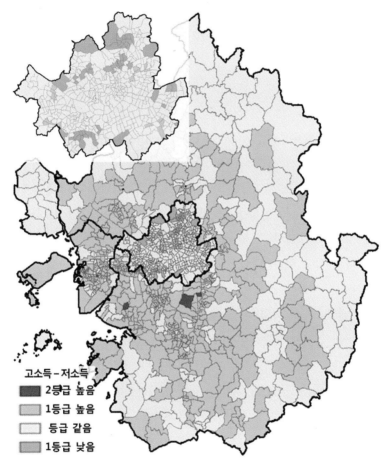

[그림 5-6] 고소득과 저소득 간 지역의 쇼핑 접근도 차이

소득계층별 가구입지 분포 진단

1. 소득계층별 가구입지 분포 진단방법 구상

2절은 앞서 산출한 소득계층별 통근 접근도를 활용하여 실제 소득계층별 가구입지 현황을 진단하고 평가한다. 각 행정동별 가구소득 자료는 사생활 보호 및 표본규모에 따른 오차 문제 등을 이유로 공개하지 않고 있다. 따라서 이 연구는 가구통행실태조사 자료에서 조사된 각 가구의 소득계층을 기준으로 가구소득계층별 수도권 내 입지 패턴을 추정하였다.

가구의 입지에 영향을 미치는 요인은 접근도 외 여러 가지 요인이 존재한다. 주거입지 선택에 영향을 미치는 요인은 접근도 외 주택특성과 근린특성이 꼽힌다. 주택특성은 주택 재고량, 유형, 질적 수준 등을 대표하는 변수이며, 근린 특성은 주택이 입지한 지역의 환경을 의미한다.96) 소득계층별 가구입지 접근도를 보다 합리적으로 진단하기 위해 주택특성과 근린특성을 접근도 진단 분석 시 통제변수로 설정하였다. 이를 통해 지역별 주택특성과 근린특성의 차이가 통제된 상태에서의 접근도가 입지에 미친 영향을 분석하였다.

---

96) 이창효, 2012, 앞의 논문 30쪽.

2. 소득계층별 가구입지 분포 진단방법 구축

소득계층별 가구입지 분포 현황을 진단하고 평가하기 위한 회귀 분석 함수식을 구축하였다. 종속변수는 각 소득계층별로 수도권 전 지역에 입지한 총 가구의 수를 100%라 할 때, 각 행정동별로 입지한 비율이다. 독립변수는 앞서 산출한 각 행정동의 소득계층별 통근 접근도를 활용하였다. 그 외 통제변수로 표준지 공시지가, 총 주택 수, 아파트 비율, 단독주택 호별 연면적을 주택특성 관련 변수로, 전월세비율, 교육만족도, 근린공원면적을 근린특성 관련 변수로 설정 하였다([수식 5-1] 참조).

$$HP_i^e = \alpha^e + \beta_1^e Acc_i^e + \beta_2^e LP_i + \beta_3^e NH_i + \beta_4^e AR_i \cdots\cdots [\text{수식 } 5\text{-}1]$$
$$+ \beta_5^e FA_i + \beta_6^e JR_i + \beta_7^e ES_i + \beta_8^e PA_i$$

단, HP_i^e : 소득계층이 e인 가구가 수도권을 기준으로 i지역에 입지
한 비율

Acc_i^e : i지역의 소득계층이 e인 가구의 통근 접근도

LP_i : i지역의 표준지 공시지가(백만 원 단위)

NH_i : i지역의 총 주택 수

AR_i : i지역의 아파트 비율

FA_i : i지역의 단독주택 호별 연면적

JR_i : i지역의 전월세 비율

ES_i : i지역의 교육만족도

PA_i : i지역의 근린공원 면적

α^e : 가구소득 e인 경우 상수항

β_x^e : 가구소득 e인 경우 각 변수별 파라미터

[그림 5-7] 소득계층별 가구입지 분포패턴

3. 소득계층별 가구입지 분포 진단 결과

접근도 변수가 소득계층별 가구입지에 미치는 영향을 분석한 결과 모든 소득 조건에서 유의미한 분석결과를 도출하였다. 분석결과는 크게 두 가지로 정리할 수 있다([표 5-1] 참조).

첫째, 저소득계층 가구의 경우 통근 접근도가 가구입지에 음(-)의 영향을 미친다. 이는 저소득 가구가 사회·경제적 조건 등 이유로 인해 활동에 유리한 지역에 입지 못 함을 의미한다.

둘째, 중, 고소득계층의 가구의 경우 소득계층별 통근 접근도가 가구입지에 양(+)의 영향을 미친다. 이는 중, 고소득계층 가구는 저소득 가구에 비해 유리한 사회·경제적 조건 등의 이유로 각 소득계층별 활동에 유리한 지역에 입지함을 의미한다. 특히 고소득계층 가구는 중소득계층 가구에 비해 접근도가 입지에 더 크게 영향을 미친다.

소득계층별 가구입지 분포를 진단한 결과, 저소득계층은 활동에 유리한 지역과 실제 입지한 지역의 불일치를 보인 반면, 중, 고소득계층은 활동의 유리한 지역과 실제 입지한 지역이 일치한다. 이는 저소득층의 선호에 의한 결과로 판단되기보다는 시장원리 등의 이유로 저소득 가구가 활동에 불리한 지역으로 밀려남을 의미한다.

[표 5-1] 소득계층별 가구입지 분포 진단

조건	변수			표준화 계수	유의확률	R²(수정)
저소득 가구	(상수)				.000	.646 (.644)
	저소득 통근접근도			-.051	.079	
	통제변수	주택특성	표준지공시지가	-.053	.007	
			총 주택 수	.802	.000	
			아파트 비율	-.381	.000	
			단독주택 호별 연면적	-.142	.000	
		근린특성	전월세 비율	.047	.074	
			교육 만족도	-.077	.000	
			근린공원 면적	-.026	.160	
중소득 가구	(상수)				.000	.745 (.743)
	중소득 통근접근도			.186	.000	
	통제변수	주택특성	표준지공시지가	.030	.076	
			총 주택 수	.737	.000	
			아파트 비율	.254	.000	
			단독주택 호별 연면적	.111	.001	
		근린특성	전월세 비율	-.153	.000	
			교육 만족도	.096	.000	
			근린공원 면적	.114	.000	
고소득 가구	(상수)				.000	.517 (.513)
	고소득 통근접근도			.232	.000	
	통제변수	주택특성	표준지공시지가	.218	.000	
			총 주택 수	.408	.000	
			아파트 비율	.405	.000	
			단독주택 호별 연면적	.252	.000	
		근린특성	전월세 비율	-.168	.000	
			교육 만족도	.250	.000	
			근린공원 면적	.077	.000	

제3절

분석결과 종합

이상에서 수도권을 대상으로 통행목적 및 소득계층별 지역 접근
도를 산출하고 비교 분석하였다. 그리고 실제 소득계층별 가구입지
분포를 진단하고 평가하였다. 분석 결과에 대한 자세한 내용은 앞
절에서 기술하였기 때문에, 이 절은 분석을 통해 도출된 접근도의
활용 가능성을 중심으로 기술하였다.

현 정부는 주택의 지역적 수급 불일치 문제를 해결하고자 하는 명
확한 목표를 제시하고 있음에도 불구하고 다소 선언적이고 추상적
인 해결책만을 제시하고 있다. 이 연구는 기존의 피상적이고 대상이
불분명한 접근도에 관한 개념을 보다 분명하게 제시하고 대상을 명
확하게 한정함으로써, 구체적인 접근도 산출이 가능케 하였다. 이와
같은 연구 성과는 특히 저소득계층을 대상으로 한 공공임대주택의
입지를 결정하는 데 활용될 수 있다. 주택의 입지를 결정하는 데 있
어서 여러 입지 여건들이 고려되어야 하지만, 시장원리에 의해 저소
득계층이 활동이 불리한 지역에 입지하고 있는 현재 상황을 감안하
여, 저소득계층의 통행특성을 반영한 지역 접근도를 택지 선별과정
에 고려하는 것이 요구된다. 이는 주택의 지역적 수급 불일치를 해

소시키는 방안이다. 또한 이 연구에서 도출된 저소득 통행특성은 현재 저소득계층이 입지한 지역의 미비한 접근도를 향상시킬 수 있는 대책을 모색하는 데 활용될 수 있다.

제6장

결 론

제1절
연구의 요약과 결론

이 연구는 국내 주택정책 수립 시 수요자의 교통특성을 반영하기 위해, 가구소득계층별 통행특성을 적정수준에서 반영한 접근도 산출모형을 구축하고, 이를 기반으로 지역 접근도를 산출하는 것을 목적으로 한다. 연구목적을 기반으로 관련 이론과 선행연구를 고찰하고 수요자의 교통특성을 반영할 수 있는 접근도 산출모형 구축방향을 도출하였다. 이후, 각 소득계층별 가구의 통행특성을 분석하여 국내 가구소득계층별 통행특성을 반영할 수 있는 접근도 산출모형을 개발하였다. 구축한 접근도 산출모형을 통해, 지역 접근도를 산출하고, 각 지역의 소득계층별 접근도 차이를 비교 분석하였다. 1장을 제외한 연구내용을 구성단위로 구분하여 요약하면 다음과 같다.

2장에서는 접근도의 개념과 산출방법론을 통해 크게 세 가지 형태로 구분하고 이를 구체적으로 살펴보았다. 검토 결과, 효용 기반 접근도 산출방식이 수요자 중심 주택정책 수립 시 활용 가능한 접근도를 산출하는 데 있어서 유리한 형태임을 확인하였다. 이에 기존 국외에서 기 개발된 효용 기반 접근도 산정식을 기초로 국내의 주거정책에 활용 가능한 접근도 산출모형을 구축하고, 소득계층별 지역 접근도를 산출하여 소득 간 접근도 차이를 구하였다.

3장에서는 접근도 산출모형의 통행목적을 통근통행, 대학 이상 통학통행 그리고 쇼핑통행으로 정의하였다. 주 통행수단은 승용차와 대중교통 두 가지 수단으로 구분하였다. 그리고 주택정책별 수요계층 기준과 가구통행실태조사의 설문자료를 검토하여, 연구의 가구소득계층 구분기준을 정의하였다. 가구의 소득계층은 월 300만 원 미만을 저소득계층, 월 500만 원 미만은 중소득계층 그리고 월 500만 원 이상을 고소득계층으로 구분하였다. 각 소득계층별 통행특성은 ANOVA 분석을 통해 통계적으로 검증하였다.

4장에서는 2장에서 검토한 국외 효용 기반 접근도 산출모형 이론 및 방법론에 기초하여, 3장에서 도출된 국내 가구소득계층별 통행특성을 반영할 수 있는 접근도 산출모형을 구축하였다. 접근도 산출모형은 세 가지 하위모형으로 구성되어 있다. 첫째, 각 존 간 수단별 통행시간 및 비용 산출과정, 둘째, 통행목적 및 소득계층별 각 존 간 통행효용 산출과정, 마지막으로 통행목적 및 소득계층별 효용 기반 접근도 산출과정이다. 각 하위모형은 로지스틱 회귀분석과 비선형 회귀분석 그리고 소득계층별 직종비율을 통한 접근도 가중치 산출 등을 통해 수단선택, 통행분포 그리고 통행발생과 관련된 소득계층별 통행특성을 분석모형에 반영하였다.

5장에서는 4장에서 구축한 접근도 산출모형에 근거하여 통행목적 및 소득계층별 지역 접근도를 산출하였다. 통행목적 및 소득계층별 접근도 산출결과 비교를 통해 각 지역의 소득계층별 접근도 차이를 비교 분석하였다. 분석결과, 통근통행과 쇼핑통행은 서울 3핵을 중심으로 접근도가 높게 나타났고, 대학 이상의 통학통행은 대학교가 밀집한 서울 성북구와 동대문구를 중심으로 높은 경향을 보였다. 소득 간 접근도 차이는 서울에서는 큰 차이를 보이지 않으나, 인천/경기 지역에서는 대체적으로 통근 접근도의 경우 저소득에 비해 고소득이 낮고, 쇼핑 접근도의 경우 저소득에 비해 고소득이 높다.

이후, 통근 접근도를 활용하여 실제 소득계층별 가구입지 분포 현황을 진단하고 평가하였다. 분석결과, 저소득계층 가구의 경우 통근 접근도가 가구입지에 음(-)의 영향을 미침을 확인하였다. 반면, 중, 고소득계층의 가구의 경우 소득계층별 통근 접근도가 가구입지에 양(+)의 영향을 미침을 확인하였다. 이는 저소득계층 가구가 시장원리 등의 이유로 인해 타 소득계층과 달리 활동지역과 입지지역의 불일치를 이루고 있음을 나타낸다.

제2절

연구의 의의

현재 정부는 과거 공급자 중심의 주택공급 방식이 지역적 수급 불일치 문제를 유발하였다고 판단하고, 이를 극복하기 위해 '수요자 중심의 주택정책'을 목표로 삼고 있다. 정부는 주택 수요자의 주거 욕구를 파악하고, 이들에게 필요한 주택을 적절히 공급하기 위해, 가구소득을 기준으로 수요자를 분류하고 각 소득계층별 차별화된 주택정책을 수립하였다.

그러나 접근도는 토지이용과 교통의 상호작용과 밀접하게 관련된 요인이며, 특히 통행자의 사회·경제적 특성에 따라 활동패턴과 통행수단 선호가 달라짐에도 불구하고, 아직 이를 고려한 합리적인 접근도 산정모형연구가 미흡한 실정이다. 이러한 한계로 인하여 현 택지공급계획은 '다양한 주택수요에 효과적으로 대응할 수 있는 택지를 개발함'을 목표로 하고 있음에도 불구하고, 택지공급의 대상지는 단순히 '도심지 내 혹은 도심과의 접근성이 높은 지역'이라는 다소 선언적인 계획만을 제시하고 있다.

이 연구는 국내 주택정책 수립 시 수요자의 교통특성을 반영하기 위해, 토지이용-교통 상호작용을 고려하여 가구소득계층별 통행특성을 적정수준에서 반영한 접근도 산출모형을 구축하고, 이를 기반으로 지역 접근도를 산출하였다. 비록 아직 초기 모형으로 개발되어 부분적인 오류와 보완 사항이 있음에도 불구하고 이 연구의 의의와 활용은 다음과 같이 요약할 수 있다.

첫째, 활동 기반 접근도 개념에 기초하여 지역 접근도를 연구한 기존 국내의 연구단계를 효용 기반 접근도 개념에 근거한 국외 접근도 산정기법의 단계로 발전시킨 의미를 갖는다. 국내에서도 효용 기반 접근도 관련 연구가 진행되어 왔으나, 단순히 지역, 통행자 그리고 시기별 수단선택 효용에 미치는 요인들의 영향력 차이를 비교하는 도구로 활용하는 데 그쳤다. 이 연구는 국외에서 활용되고 있는 효용 기반의 지역 접근도 산출식을 기반으로 국내 소득계층별 가구의 통행특성을 반영할 수 있는 접근도 산출모형을 구축하고, 이를 활용해 지역 접근도를 산출하였다는 점에서 의의가 있다.

둘째, 이 연구 접근도 산출식에 기초가 된 Simmonds(2010) 접근도 산출식이 반영하지 못한 가구소득의 통행특성을, 국내 접근도 산출모형 개발에 반영하여 국외 접근도 산출식과의 차별성을 갖추었다. 기존 Simmonds(2010) 접근도 산출식은 토지이용-교통 통합모형 안에서 토지이용과 교통의 상호작용 관계를 연결하는 역할을 수행하는 데 주목적이 있어 직업의 종류를 통행자의 사회·경제적 구분 기준으로 삼았다. 이는 주거지와 직장의 입지를 동시에 고려하는 데 유리한 형태이며, 주거입지에 큰 영향을 미치는 요인으로 꼽히는 통근통행 특성을 반영할 수 있는 형태이다. 그러나 이 연구의 접근도 산출모형은 주택정책 수요자의 구분기준으로 활용되는 가구소득을 수요계층 구분기준으로 삼았다. 이러한 접근도 산정식의 보완은 국내 주택정책의 수요 계층별 통행특성을 파악하는 데 유리할 뿐 아니라, 통근통행 외 소득계층별 통학통행과 쇼핑통행의 통행특성 차이를 반영할 수 있는 장점이 있다. 또한 통근통행 접근도 산출 시 각 소득계층별 직업의 비율에 기초하여 가중치를 부여함으로써, 소득계층별 직업유형 차이를 분석에 반영하였다. 이는 기존 식에서 통행자를 직업의 유형으로 분류한 장점을 일부 반영한 방식이다.

셋째, 소득계층별 통행특성을 접근도 산출식에 반영하기 위해 수단선택, 통행분포 그리고 통행발생과 관련된 각 소득계층별 특성을 도출하고 이를 모형으로 구축한 의미를 갖는다. 소득계층별 통행특성은 로지스틱 회귀분석과 비선형 회귀분석 그리고 소득계층별 직종비율을 통한 접근도 가중치 산출 등을 통해 분석하였으며, 분석결과는 통행목적별 시간가치와 효용 조건별 통행시간 및 비용 변화에 따른 통행량 변화량 등을 통해 확인하였다. 각 분석모형에서 도출된 소득계층별 차등적인 파라미터 값은 접근도 산출모형에 반영하였다.

넷째, 이 연구에서 구축한 접근도 산출모형을 활용하여 실제 소득계층별 가구입지 분포 현황을 진단하고 평가하였다는 점에서 의의를 갖는다. 분석결과를 종합하면 저소득계층 가구는 시장원리 등의 이유로 인해 타 소득계층과 달리 활동의 유리한 지역과 실제 입지한 지역의 불일치를 보이고 있다. 이러한 분석결과는 공공의 주택정책 방향성을 분명하게 제시하고 있다. 즉, 저소득계층을 대상으로 주택정책을 세우는 데 있어 여러 입지 여건들이 고려되어야 하지만, 시장원리에 의해 활동에 불리한 지역에 입지하고 있는 현재 상황을 고려하여, 공급 가용지 간의 접근도를 비교하거나, 또는 기존에 미비한 지역의 접근도를 향상시킬 수 있는 대책을 모색해야 함을 시사한다.

제3절

연구의 한계점과 발전방향

이 연구는 국내 주택정책 수립 시 수요자의 교통특성을 반영하기 위해, 토지이용-교통 상호작용을 고려하여 가구소득계층별 통행특성을 적정수준에서 반영한 접근도 산출모형을 구축하고, 이를 기반으로 지역 접근도를 산출하였다. 이와 관련하여 추후 보완 및 발전이 필요한 부분은 다음과 같다.

첫째, 이 연구는 토지이용-교통 상호작용이론을 기반으로 구상하였으나, 접근도 시뮬레이션은 2010년만을 대상으로 하여 온전한 상호작용 과정을 수행하였다고 제시하기 어렵다. 이는 토지이용 및 교통인프라의 변화가 접근도 변화에 미치는 영향을 구체적으로 밝히기 어렵다는 한계를 갖는다. 이와 같은 연구의 한계는 앞으로 2015년 가구통행실태조사 데이터가 공개되면 시계열적인 분석을 추가적으로 수행하여 극복할 계획이다.

둘째, 각 존 간 승용차와 대중교통을 통한 통행시간 및 비용 산출 과정이 단순한 구조로 구성되어 있다. 이 연구는 도로 종류 및 대중교통 종류별 시간당 평균 통행속도를 산출하여 각 수단별 존 간 통행시간과 비용을 구하였다. 이는 비교적 단순한 과정을 통해 값을 도출할 수 있으나, 지역별 특성을 반영하지 못하는 단점이 있다. 이는 추후 국내를 대상으로 한 교통모형 구동을 통해 각 도로 및 대중교통 노선별 통행비용 및 통행 속도 값을 통해 보완해야 한다.

셋째, 주택의 입지를 분석하는 데 있어서 직장의 분포를 고정된 상황으로 가정하였다. 실제 현실에서는 주거지와 직장의 입지는 서로 영향을 주고받는다. 그러나 이 접근도 산출방식은 소득계층별 기점 접근도를 산정하는 데 연구의 범위를 제한하고, 직장의 위치를 고정된 상황을 가정하여 분석을 수행하였다. 향후 직장 접근도 분석과 더불어 주거지와 직장 입지의 상호 영향관계를 분석하는 연구가 남은 과제라 하겠다.

참고문헌

● 국내문헌

단행본

국토해양부, 2008, 『2007년 국가교통DB사업; 광역권 여객 기종점통행량 전수화』, 국토해양부, 세종.

김수철·김찬성, 2012, 『2011년 전국여객 O/D 전수화 및 장래수요예측 Ⅱ』, 한국교통연구원, 경기 고양.

김순관·김종형·김채만, 수도권교통본부 기획조정부, 서울특별시 도시교통본부, 인천광역시 건설교통국, 경기도 교통건설국, 원이앤씨, 2009, 『수도권 장래교통 수요예측 및 대응방안 연구』, 수도권교통본부, 서울.

김순귀·정도빈·박영술, 2012, 『로지스틱 회귀모형의 이해와 응용』, 한나래아카데미, 서울.

김찬성·황상규·성홍모, 2006, 『국가균형발전을 위한 교통접근성 제고방안 연구: 형평성 분석을 중심으로』, 2006-05 연구총서, 한국교통연구원, 경기 고양.

김채만·좌승희, 2009, 『가구소득을 반영한 가구통행발생모형 개발』, 기본연구 2009-11, 경기개발연구원, 경기 수원.

김철수, 2012, 『단지계획』, 기문당, 서울.

도철웅, 2006, 『교통공학원론 (하)』, 청문각, 경기 파주.

오재학·박지형, 1997, 『수도권 여객통행행태의 조사: 개별통행행태모형의 정립을 중심으로』, 교통개발연구원, 서울.

윤대식, 2001, 『교통수요분석-이론과 모형』, 박영사, 서울.

임강원, 1986, 『도시교통계획-이론과 모형』, 서울대학교 출판부, 서울.

정일호·강미나·이백진·김혜란·서민호, 2010, 『주택정책과 교통정책의 연계성 강화 방안: 수도권 가구통행 및 주거입지 분석을 중심으로』, 국토연구원, 경기도 안양.

조남건, 2002, 『국토공간의 효율적 활용을 위한 도로망체계의 구축방향 연구』, 국토연구원, 경기도 안양.

한주성, 2010, 『교통지리학의 이해』, 한울, 경기 파주.

논문

강수철·남승용·김만배, 2009, 「직장인의 차량보유 결정요인 및 통근수단 선택행태 분석」, 『한국정책과학학회보』 제13권 제1호, 한국정책과학 학회, 서울, 287-302쪽.

국토연구원, 2008, 「최저주거기준과 최저주거비 부담을 고려한 주거복지정책 방향」, 『국토정책브리프』 제166호, 국토연구원, 경기도 안양.

김강수·심양주, 2002, 「전국 지역 간 여객 O/D 구축 방법론에 관한 연구」, 『대한교통학회 학술대회지』 2002년 제3호, 대한교통학회, 서울.

김경범·황경수, 2010, 「제주지역의 교통수단선택 행태에 관한 연구」, 『한국 산학기술학회논문지』 제11권 제12호, 한국산학기술학회, 충남 천안, 4,795-4,802쪽.

김동호·박동주, 2015, 「시공간 제약하에서 이용자 기반의 대중교통 접근성 측정 방법론 연구」, 『대한교통학회 학술대회지』 2015년 제73호, 대한 교통학회, 서울, 545-550쪽.

김성희·이창무·안건혁, 2001, 「대중교통으로의 보행거리가 통행수단선택 에 미치는 영향」, 『국토계획』 제36권 제7호, 대한국토·도시계획학 회, 서울, 297-307쪽.

김익기, 1995, 「장기 교통정책분석을 위한 모형」, 『국토계획』 제30권 제1호, 대한국토·도시계획학회, 서울, 155-167쪽.

김익기, 1997, 「교통수요분석에서 통행목적별 OD 접근방법과 PA 접근방법 의 이론적 비교연구」, 『대한교통학회지』 제15권 제1호, 대한교통학 회, 서울, 45-62쪽.

김익기·박상준, 2015, 「장래 개발계획에 의한 추가 통행량 분석 시 OD 패 턴적용과 PA 패턴적용의 분석방법 비교」, 『대한교통학회지』 제33권 제2호, 대한교통학회, 서울, 113-124쪽.

김현미, 2005, 「A GIS-based analysis of spatial patterns of individual accessibility: a critical examination of spatial accessibility measures」, 『대한지리학회지』 제40권 제5호, 대한지리학회, 서울, 514-533쪽.

김형철, 2005, 「대도시권 교통수단선택 행태분석과 정산모형의 비교」, 한양 대학교 대학원 교통공학과 석사학위논문, 서울.

성현곤·최막중, 2014, 「철도역 접근성이 건축물 개발밀도에 미치는 영향」, 『국 토계획』 제49권 제3호, 대한국토·도시계획학회, 서울, 63-77쪽.

손정렬, 2015, 「영남권 도시들 간의 상보성 측정에 관한 연구」, 『한국지역지 리학회지』 제21장 제1호, 한국지역지리학회, 경남 진주, 21-38쪽.

신성일·장윤미·김순관·김찬성, 2005, 「도시 교통체계의 지속가능성 평가를 위한 도시 접근성 지표」, 『대한교통학회지』 제23권 제8호, 대한교통학회, 서울, 31-42쪽.

신은진·안건혁, 2010, 「소득별 1인가구의 거주지 선택에 영향을 미치는 요인에 대한 연구」, 『국토계획』 제45권 제4호, 대한국토·도시계획학회, 서울, 69-79쪽.

안영수·장성만·이승일, 2012, 「GIS 네트워크분석을 활용한 도시철도역 주변지역 상업시설 입지분포패턴 추정 연구」, 『국토계획』 제47권 제1호, 대한국토·도시계획학회, 서울, 199-213쪽.

원광희, 2003, 「고속도로건설에 따른 지역 간 접근성 변화분석」, 『도시행정학보』 제16권 제1호, 한국도시행정학회, 서울.

윤대식·황정훈·문창근, 2008, 「도농통합도시 시민의 교통수단선택 특성과 통행패턴에 관한 연구」, 『국토연구』 제57권, 국토연구원, 경기도 안양, 117-131쪽.

이슬지·이지영, 2011, 「GIS 기반 중첩기법을 이용한 소방서비스 취약지역 분석」, 『한국측량학회지』 제29장 제1호, 한국측량학회, 서울, 91-100쪽.

이승일, 2010, 「저탄소·에너지절약도시 구현을 위한 우리나라 대도시의 토지이용-교통모델 개발방향」, 『국토계획』 제45권 제1호, 대한국토·도시계획학회, 서울, 265-281쪽.

이승일·이주일·고주연·이창효, 2011, 「토지이용-교통 통합모델의 개발과 운영」, 『도시정보』 356호, 대한국토·도시계획학회, 서울, 3-17쪽.

이종호, 2011, 「서울시 가구통행발생 특성 분석」, 『대한토목학회지』 제31장 제5호, 대한토목학회, 서울, 657-662쪽.

이창효, 2012, 「토지이용-교통 상호작용을 고려한 주거입지 예측모델 연구: DELTA의 활용을 중심으로」, 서울시립대학교 대학원 도시공학과 박사학위논문, 서울.

임창호·이창무·손정락, 2002, 「서울 주변지역의 이주 특성 분석」, 『국토계획』 제37권 제4호, 대한국토·도시계획학회, 서울, 95-108쪽.

장태연·김대영·김정호·권진영, 2002, 「과산포 현상을 고려한 가구 내 비가정기반통행발생 모형구축」, 『한국지역개발학회지』 제14장 제3호, 한국지역개발학회, 123-134쪽.

전명진·백승훈, 2008, 「조건부 로짓모형을 이용한 수도권 통근수단 선택변화 요인에 관한 연구」, 『국토계획』 제43권 제4호, 대한국토·도시계획학회, 서울, 9-19쪽.

정우화, 2009, 「서울시 대중교통 이용자의 체류 공간 분포에 관한 연구」, 경희대학교 대학원 지리학과 석사학위논문, 서울.

조남건, 2001, 「우리나라 지역 간 통행의 시간가치 산출 연구」, 『국토연구』 제31권, 국토연구원, 경기도 안양, 25-38쪽.

조남건·윤대식, 2002, 「고령자의 통행수단 선택 시 영향을 주는 요인 연구」, 『국토연구』 제33권, 국토연구원, 경기도 안양, 129-144쪽.

조남건·고용석·진시현, 2004, 「도로의 접근성과 통행량의 관계에 관한 연구」, 『대한교통학회 학술대회지』 2004년 제3호, 대한교통학회, 서울.

조중래·김채만, 1998, 「출근통행 교통수단 선택행태의 지역 간 비교연구-서울과 일산 신도시를 중심으로」, 『대한교통학회지』 제16권 제4호, 대한교통학회, 서울, 75-86쪽.

조형진·김경배, 2015, 「기후변화로 인한 홍수위험의 사회적 취약성 평가 연구: 인천시를 사례로」, 『기후연구』 제10장 제4호, 건국대학교 기후연구소, 서울, 341-354쪽.

조혜진·김강수, 2007, 「수도권 통근통행의 접근도 변화패턴 분석」, 『대한지리학회지』 제42권 제6호, 대한지리학회, 서울, 914-929쪽.

천현숙, 2004, 「수도권 신도시 거주자들의 주거이동 동기와 유형」, 『경기논단』 제6권 제1호, 경기연구원, 경기도 수원, 91-111쪽.

최막중·임영진, 2001, 「가구특성에 따른 주거입지 및 주택유형 수요에 관한 실증분석」, 『국토계획』 제36권 제6호, 대한국토·도시계획학회, 서울, 69-81쪽.

● 국외문헌

Cervero, R., Rood, T., and Appleyard, B., 1995, "Job accessibility as a performance indicator: An analysis of trends and their social policy implications in the San Francisco Bay Area", The University of California Transportation Center, University of California at Berkeley.

Eliasson, J., 2010, "The influence of accessibility on residential location. In Residential Location Choice", In Residential Location Choice: Model and Applications (Pagiara, F., Preston, J. and Simmonds, D.

eds.), Springer, Verlag Berlin Heidelberg. pp.137-164.

Geurs, K. T. and Ritsema van Eck, J. R., 2001, "Accessibility measures: review and applications. Evaluation of accessibility impacts of land-use transportation scenarios, and related social and economic impact", RIVM report 408505 006, Dutch National Institute for Public Health and the Environment, Dutch Bilthoven.

Geurs, K. T., and Van Wee, B., 2004, "Accessibility evaluation of land-use and transport strategies: review and research directions", Journal of Transport geography, Vol.12, No.2, pp.127-140.

Golob, T. F., 1989, "The causal influences of income and car ownership on trip generation by mode", Journal of Transport Economics and Policy, pp.141-162.

Gutiérrez, J., Urbano, P., 1996, "Accessibility in the European Union: the impact of the trans-European road network", Journal of transport Geography, Vol.4, No.1, pp.15-25.

Hansen, W. G., 1959, "How accessibility shapes land use", Journal of the American Institute of planners, Vol.25, No.2, pp.73-76.

Ingram, D. R., 1971, "The concept of accessibility: a search for an operational form. Regional studies", Vol.5, No.2, pp.101-107.

Ivanova, O., 2005, "A note on the consistent aggregation of nested logit demand functions", Transportation Research Part B: Methodological, Vol.39, No.10, pp.890-895.

Keeble, D., Owens, P. L., and Thompson, C., 1982, "Regional accessibility and economic potential in the European Community", Regional Studies, Vol.16, No.6, pp.419-432.

Koenig, J. G., 1980, "Indicators of urban accessibility: theory and application", Transportation, Vol.9, No.2, pp.145-172.

Levine, J., 1998, "Rethinking accessibility and jobs-housing balance", Journal of the American Planning Association, Vol.64, No.2, pp.133-149.

Miyazawa, H., 2000, "The Operationalization of Basic Time-Geography Concepts on Street Networks and their Validity", Japanese Journal of Human Geography, Vol.52, No.5, pp.498-513.

Niemeier, D. A., 1997, "Accessibility: an evaluation using consumer welfare", Transportation, Vol.24, No.4, pp.377-396.

Rietveld, P., Bruinsma, F., 2012, "Is transport infrastructure effective?: transport infrastructure and accessibility: impacts on the space economy", Springer, Verlag Berlin Heidelberg.

Schmöcker, J. D., Quddus, M., Noland, R., and Bell, M., 2005, "Estimating trip generation of elderly and disabled people: analysis of London data", Transportation Research Record: Journal of the Transportation Research Board, No.1924, pp.9-18.

Simmonds, D. C., 1999. "The design of the DELTA land-use modelling package", Environment and Planning B: Planning and Design, Vol.26, No.5, pp.665-684.

Simmonds, D., 2010, "The DELTA residential location model", In Residential Location Choice: Model and Applications (Pagiara, F., Preston, J. and Simmonds, D. eds.), Springer, Verlag Berlin Heidelberg. pp.77-97.

Sweet, R. J., 1997, "An aggregate measure of travel utility", Transportation Research Part B: Methodological, Vol.31, No.5, pp.403-416.

Waddell, P., 2010, "Modeling residential location in UrbanSim", In Residential Location Choice: Model and Applications (Pagiara, F., Preston, J. and Simmonds, D. eds.), Springer, Verlag Berlin Heidelberg. pp.165-180.

● 기타

국토교통부, 2013, "제2차 장기('13-'22년) 주택종합계획", 세종.

국토교통부, 2016, "2016년 주거종합계획", 세종.

http://blog.naver.com/newstay/220301178787 : 국토교통부 뉴스테이 공식 블로그

https://portal.newplus.go.kr/newplus_theme/portal/ : 행복디딤돌 공공주택 홈페이지

https://www.ktdb.go.kr/www/index.do : 국가교통DB홈페이지

https://www.myhome.go.kr/hws/portal/main/getMgtMainPage.do : 마이홈포털 홈페이지

장성만

한양대학교 교통공학과에서 학사를, 서울시립대학교 도시공학과에서 석사와 박사를 마쳤다. 현재 서울시립대학교 도시공학과 연구교수로 재직 중이며, 토지이용과 교통의 상호작용 개념을 중심으로 도시를 구성하는 공간요소의 입지결정과정과 그로 인해 발생하는 사람들의 통행변화에 관심을 갖고 다양한 학술연구를 수행 중에 있다.

수요자 중심의 도시계획을 위한
소득계층별 통행특성분석과 지역 접근도 산출

초판인쇄 2017년 5월 31일
초판발행 2017년 5월 31일

지은이 장성만
펴낸이 채종준
펴낸곳 한국학술정보㈜
주소 경기도 파주시 회동길 230(문발동)
전화 031) 908-3181(대표)
팩스 031) 908-3189
홈페이지 http://ebook.kstudy.com
전자우편 출판사업부 publish@kstudy.com
등록 제일산-115호(2000. 6. 19)

ISBN 978-89-268-7908-5 93530

이 저서는 2015년도와 2017년도 정부(미래창조과학부)의 재원으로 한국연구재단의 지원을 받아 수행된 연구입니다.
(NRF-2015R1A2A2A04005886) (NRF-2017R1A2B4003949)